20
还没长大

——与20岁有关的青春纪念

鞠向玲 编著

ershi
haimeizhangda

人民日报出版社

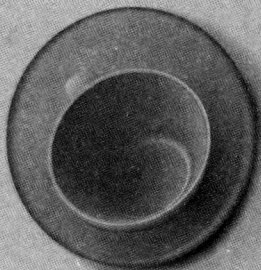

前　言

20岁的第一天，心情很平常。没有迎接新开始的激动，也没有寥落的无奈，一切自然的就像什么都没有发生过。

这20年，是纯真的20年，匆匆逝去，来不及回味。人生中恐怕再也没有这样的时光了。后面的人生，面对的，将是奋斗、搏击。偷偷问问自己，是否为这一切已经准备充分？心里依然是惴惴不敢下定论。

古人说二十弱冠，这是古时候孩子们的成人礼。他们把头发盘起来，意味着以后自己就是独立门户的大人。《滕王阁序》中有云："勃，三尺微命，一介书生。无路请缨，等终军之弱冠；有怀投笔，慕宗悫之长风。"在这个充满着流行符号的年代，我虽然无法想象这句话背后是怎样一种慷慨与豪情，但通过文中所体现出的作者的胸襟和气度，可以看到弱冠之年对于当时人们的意义。子曰："吾十有五而志于学，二十弱冠，三十而立，四十不惑，五十而知天命，六十而耳顺，七十而从心所欲不逾矩。"

虽然因为时代的变化，人们已很少提到"弱冠"这个词语，但20岁作为成长的一个里程碑，依然是我们认识世界的开始。这个年纪意味着从今以后我们应该肩负起更重的担子。

比十几岁的少年多了些稳重，比三十几岁的人又少了几分成熟。20岁还有不少锋芒，也还有些不计后果的热情。

20岁的第一天，无论多么平淡无奇，但对我们来说，它毕竟都是有意义的。虽然现在一无所有，但我们有梦。

把握未来，就是对未来永存希望。不奢望来世有天堂，在今生或许布满荆棘泥泞的旅途中，以愉悦的心情向着幸福前进，就足够。

本书力求贴近当下20岁人群的生活，走进他们的内心，并引领他们寻找并有效提升真正的自我。每一个人都渴望拥有灿烂的人生，但真正能够活得精彩无限、有滋有味儿的，只能是那些始终以积极的方式回应生活的人。

20岁让我们放下稚嫩，选择成熟。

❧目　录❧

第一章
定义自己从认识自己开始

20 岁是一个传奇，是一段童话，是你从幼小走向强大的纪念碑。那些匆匆流走的青涩故事，那些来来往往的人，还有那些一去不复返的时光……

20 岁以前的岁月无忧无虑，棉花糖般蓬松出云里雾里般的甜蜜。到了 20 岁，开始接触社会了，从当初那个背着双肩书包的青涩小孩变成青年，仿佛一夜之间，破茧成蝶。

20 岁的路遥还是个农民，他没有想过自己会在多年之后写出著名的《平凡的世界》；20 岁的余华还在做着牙医，他同样没有想过自己日后会成为中国最优秀的作家之一。你所生活的年代不同，或许 20 岁的你仍然在享受校园的时光，也或许 20 岁的你刚刚步入社会，但你的心中同样藏着梦想，那就让你的 20 岁厚积薄发，让你勇敢地走向自己的人生！

◎ 有目标很重要

20岁的小信提起自己的现状,一脸的茫然:从小到大,自己都没有什么目标。他羡慕身边的人:姑姑说奋斗10年要有自己的车子和房子,她真的做到了;哥哥想法一直都简单,要有自己心爱的老婆和儿子,他也成功了;可是自己好像什么都没有。

"当别人在打工的时候我想我也要打工去,只是为了体验下。当别人在上大学的时候我想我也要上,只是为了体验下。当别人在当老板的时候我也想要当,只是为了体验下。当别人在追星的时候我也想要追,只是为了体验下。当别人在恋爱的时候我也想要谈,只是为了体验下。当别人在结婚的时候我也想要结,只是为了体验下。我觉得别人做的事情我都想去做。跟着别人走,但是永远没有自己的想法。也许是小时候爸爸很霸道,所有的事情都要按照他的目标计划去做,我只是个傀儡用来实现他的梦想而已。

从来没有自己想想这个该怎么做、想怎么做、合适我做嘛。我脑袋里只有两个字——简单。我有时觉得自己的人生一团糟,有时觉得还过得去。但是人生没有目标真的很可怕。

对于现在的生活有点莫名的恐惧。那是被别人逼的,因为人家都觉得现在该做这些、不能做那些。本来觉得现在的生活很安心,可是别人说你该拥有这些和那些了,但是我还真的没有拥有,所以我害怕。"

这也许是很多二十几岁年轻人内心世界的真实写照。谁都年轻过,谁都有过这种感觉。每天早晨面对冉冉升起的朝阳，我们在心里一遍一遍地问：我的路在何方？在一个个人生的十字路口，我们不止一次地彷徨失措。

因为年轻，我们没有钱、没有经验、没有阅历、没有社会关系，但这些都不可怕。没有钱，我们可以通过自己的辛勤劳动去赚；没有经验，我们可以通过实践去总结；没有阅历、没有社会关系，我们可以一步步去积累。

可是若没有方向感，我们就不知道自己走向哪里。没有方向感，我们所有的努力就缺乏一个标准，我们每时每刻所有的努力都处在一种混沌与盲目的状态之中：没有对错、没有进退、没有成败得失。我们很难判断哪些对未来而言是有意义的事情，更别说掌控自己的命运。这样的人生，对我们只能是一场噩梦！

二十几岁的迷惘，就等于 30 岁的恐慌、40 岁的无能。如果不能在二十几岁时尽快地走出迷惘，我们将很难在 30 岁以后给自己一个很好的交代。

只有我们给自己的人生设定了目标，我们内心深处那个勇敢、坚定、执着、不畏艰险的我才会走出来，我们才能最大程度地激发自己的潜能，更好地迎接人生路上的各种挑战。

1952 年 7 月 4 日清晨，加利福尼亚海岸笼罩在浓雾中。在海岸以西 21 英里的卡塔林纳岛上，一个年轻的女子涉水进入太平洋中，开始向加州海岸游去。要是成功了，她就是第一个游过这个海峡的妇女。这名妇女叫费罗伦丝·查德威克。

那天早晨，海水冻得她身体发麻，雾很大，她连护送她的船都几乎看不到。时间一个钟头一个钟头过去，千千万万人在电视上注视着她。有几次，鲨鱼靠近了她，被人开枪吓跑了。她仍然在游。

15 个钟头之后，她被冰冷的海水冻得浑身发麻。她知道自己不能再游了，就叫人拉她上船。她的母亲和教练在另一条船上。他们告诉她海岸很近了，叫她不要放弃。但她朝加州海岸望去，除了浓雾什么也看不到。几十分钟之后——从她出发算起 15 个钟头零 55 分钟之后——人们把她拉上了船。她不假思索地对记者说："说实在的，我不是为自己找借口。如果当时我看见陆地，也许我能坚持下来。"人们拉她上船的地点，离加州海岸只有半英里！

后来她说，真正令她半途而废的不是疲劳，也不是寒冷，而是在浓雾中看不到目标。查德威克小姐一生中就只有这一次没有坚持到底。两个月之后，她成功地游过了同一个海峡。她不但是第一位游过卡塔林纳海峡的女性，而且比男子的纪录还快了大约两个钟头。

查德威克虽然是个游泳好手，但也需要看见目标，才能鼓足干劲完成她有能力完成的任务。因此，当我们规划某件事情时，千万别低估了制定可测目标的重要性。

目标，像分水岭一样，轻而易举地把资质相似的人们分成少数的精英和多数的平庸之辈。前者主宰了自己的命运，后者随波逐流、枉度时光。当一个人下定决心之后，往往没什么能阻止他达到目标。一旦有了成功的渴求，就会产生强烈的使命感与责任感并为之拼搏。西方有句谚语：你想要的尽管拿去，只要付出相应的代价就行。

有位哲人说："决心攀登高峰的人，总能找到道路。"强烈的动机可以驱使人超越诸多困境，无需扬鞭自奋蹄。如果你至今仍不清楚自己希望达到怎样的人生高度，那么请把你的目标写下来，矢志不渝地向着心中的目标拼搏进取，如此，你就会敏锐地捕捉到成功的契机，顺利抵达理想的境地。

人一生的目标，包括方方面面，或远或近、或是物质的或是精神的，概莫能外，甚至可以说人的一生就是由无数个目标所组成的。

在追求目标的过程中，难免有不如意、不成功。但是你一定不能忘记你的追求。只有这样，遇到挫折才不气馁，跌倒了才能爬起来。调整好了自己的心态，毫不理会那些对自己不利的东西，而是把它当作一种动力去勇敢地面对，才能获得今日的成功。

记住，自己把握人生，成功不是唯一的标准。在人生的道路上，只要你有目标、自信、勤奋、主动，那就证明你把握住了人生。

贴心小贴士

帮你有序安排生活

不把时间浪费在发呆上

你要明确想着今天要做什么，明天应该做什么，然后努力去完成。就像你桌上那只闹钟一样，每秒"滴嗒"摆一下，就做完了这一秒要做的事情。这个闹钟要是用一秒钟发呆，那它就慢了一秒，多发几次，那估计该被主人扔掉了。同样的道理，像闹钟一样发呆，你也会同样被社会抛弃。

给生活一点热情

积极的生活理念是战胜茫然的最有力武器。毫无疑问，你的茫然是消极的态度带来的。因为消极，所以失去人生目标，变得无所适从。由于茫然，会令你的人生没有方向，最终一事无成。你想一直在这样的恶性循环中过活？

分清楚"想做的"与"应该做的"

做每件事之前，你必须分清楚哪些是应该做的、能做的、想做的。实际的情况是，你想做的不一定是应该做的，而那些必须要做的却又是你不想做的。生活就是这样，不能让你放任而为。

很多时候，你之所以失败，并不是不努力，只是力气花在错误的地方。成天只顾着"想做的"事情，至于"应该做的"却是一件也没做。你必须问自己："现在这份工作，我应该做的是什么？"然后再循序渐进地去做"能做的"以及"想做的"部分。

◎ 从未有退路

我决定送自己的 20 岁一场盛大的葬礼

我要埋葬之前 20 年的我

现在，我只想做自己

就让我任性一回吧，我已经没有退路

初三的时候，新加坡的中学到学校招生。榗子自己权衡之后，没有去报名，也就是放弃了这个机会。让她没有想到的是，之后父母非常生气，认为榗子不尊重他们的意见。更没想到的事，直到一年之后，妈妈还在重提此事，并且一而再再而三地重复她的意见：若榗子当初去了那个岛国，将拥有一个更为光辉灿烂的前程。

面对絮叨的妈妈，榗子无语：人们应当尊重别人的选择，因为对于自己的事情每个人都应当拥有选择的权利。即使是父母对于子女，也应当尊重。

然而，大部分的学子心甘情愿或者说是在一种茫然的状态下选择了顺从。也就是说，他们放弃了选择的权利。

我们的社会，大部分的长辈们，已经太习惯于这种放弃、这种顺从了。因此，当我们中的少数人意识到自己应当重拾这种权利的时候，便得不到应有的尊重了。我们的醒悟反倒成了背叛，正常的选择无法被理解。

其实很多时候，在面对选择时，前方的任何一条路都是未知的。或许荆棘之中早已有一条容身的小路，或许金光笼罩之下是刀光剑影。只有当我们走上去的时候，真实才会被一点一点的揭开。更多的时候，选择是唯一的，是没有退路的，于是我们便在自己选择的路上渐行渐远——或许不是自己的选择，而是长辈为晚辈做出的选择。常常，我们会为之后悔。然而，只有真正是自己选择的道路，才能义无反顾走下去，否则，不满会日益滋生，我们会在无奈中吞下苦果。

不要埋怨先天的不足，不要悔恨后天的缺陷，因为这一切都不能改变。走过的历程已是历史，走进的将会是明天，走出曾经的欢乐与伤悲，才能回到繁杂的现实。尊重现实，改变自己，今天我们将重新上路。不管未来如何，抓紧现在是我们唯一的选择，抓住明天是我们能补救的唯一措施，这样我们的生活才不会太失光泽。

难道你愿意自己的一生有一些缺憾吗？我们希望自己的人生是接近完美的。虽然出身让我们过早地领略了现实的残忍，但同时也让我们很早就认清现实，因而懂得抓住眼前的机会。是毛毛虫就老老实实卧在叶子上，拼命吸取养分等待飞翔；是蝴蝶就展开美丽的翅膀，在阳光下舞出一片绚烂。

美国西雅图的一所著名教堂里，有一位德高望重的牧师戴尔·泰勒。有一天，他向教会学校一个班的学生们讲了下面这个故事。那年冬天，猎人带着猎狗去打猎。猎人击中了一只兔子的后腿，受伤的兔子拼命地逃生，猎狗在其后穷追不舍。可是追了一阵子，兔子跑得越来越远了。猎狗知道实在是追不上了，只好悻悻地回到猎人身边。猎人气急败坏地说："你真没用，连一只受伤的兔子都追不到！"猎狗听了不服气地辩解道："我已经尽力而为了呀！"兔子带着枪伤成功地逃生回家了，兄弟们都围过来惊讶地问它："那只猎狗很凶呀，你又带了伤，是怎么甩掉它的呢？"兔子说："它是尽力而为，我是竭尽全力呀。它没追上我，最多挨一顿骂，我若不竭尽全力地跑，可就没命了！"

泰勒牧师讲完故事之后，向全班郑重其事地承诺：谁要是能背出《圣经·马太福音》第五到七章的内容，他就邀请谁去西雅图的"太空针"高塔餐厅参加免费聚餐会。《圣经·马太福音》中第五章到第七章的全部内容有几万字，而且不押韵，要背诵其全文无疑有相当大的难度。尽管参加免费聚餐会是许多学生梦寐以求的事情，但是几乎所有的人都浅尝辄止，望而却步了。

几天后，班上一个11岁的男孩，胸有成竹地站在泰勒牧师的面前，将几万字从头到尾地背诵下来，竟然一字不漏，没出一点差错，而且到了最后，简直成了声情并茂的朗诵。泰勒牧师比别人更清楚，就是在成年的信徒中，能背诵这些篇幅的人也是罕见的，何况是一个孩子。泰勒牧师在赞叹男孩那惊人记忆力的同时，不禁好奇地问："你为什么能背下这么长的文字呢？"这个男孩不假思索地回答道："我竭尽全力。"

16年后，这个男孩成了世界著名软件公司的老板。他就是比尔·盖茨。泰勒牧师讲的故事和比尔·盖茨的成功背诵对我们很有启示：每个人都有极大的潜能。正如心理学家所指出的，一般人的潜能只开发了2~8%左右，像爱因斯坦那样伟大的大科学家，也只开发了12%左右。一个人如果开发了50%的潜能，就可以背诵400本教科书，可以学完十几所大学的课程，还可以掌握二十来种不同国家的语言。这就是说，我们还有90%的潜能处于沉睡状态。谁要想出类拔萃、创造奇迹，仅仅做到尽力而为还远远不够，必须竭尽全力才行。

人的一生始终充满着机会，关键就在于自己是否能够及时抓住它。抓住了，你就握有了人生的主动权，你的人生轨迹就可以向着有利于你的价值潜能开掘的方向转化，你的人生价值就可能得到最大限度的实现，你的人生旅程就会因此而充满生机和活力，你的人生就会得到一种境界的升华。

生活态度积极的人，内心必定充满活力，即使是突然下起的暴雨，他也认为是上天赐予的甘霖；再大的困难他都不以为意，因为事情再麻烦，他也会笑着说"没关系，小事一件"。

看一看窗外的天空吧！如果今天过得很窝囊，想想，还有明天。把一切的不如意化为向上的动力，并积极面对往后的每一天，那么，我们便能跃过每一个低谷，永远屹立在生活的最高峰。

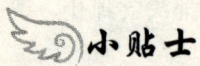

🪶 **小贴士**

我们必须明白的几个问题

1. 我们到底想要得到什么？

2. 周围的现实是什么样的？

3. 时代往哪里发展？

4. 我们需要做哪些必要的准备？

5. 要走一条什么样的路？

◎ 找回真正的自我

20 岁左右的年轻人往往会有这样的心声：我时常会忧郁，而为什么忧郁我却说不出来，只是感觉到生活很迷茫，过得很空虚无聊。

相信大多数生于 80、90 年代的人都有过这样的体验。在我们甚至我们父母的眼里，我们的物质生活绝大多数都能够保证了，那么我们的精神生活呢？显然是匮乏的，是贫瘠的，时代在给了我们无与伦比的物质生活的同时，也和我们开了一个天大的玩笑，使我们的精神生活质量愈来愈低。

伊亚在日记中写到：我有时候一个人发呆，晃动着杯子里不多的一点水，看那一粒粒圆润的小东西在杯壁上弹跳着，然后径直滚去一直延伸到心里面，我不知道心里面会有什么可以和它们激发出响声。

我讨厌自己在睡前的时间里醒着去做梦，游离在现实与虚幻之间只能让我痛苦。我只是一个女生，我怕自己很快老去，未满 20 岁的人该有 80 岁的心吗？

20 岁是一个很居中的年龄，有时候在公车上让座给别人，别人会说谢谢小同学；有时候去扶跌倒的小孩子，他的妈妈会说，快谢谢阿姨；有时候和妈妈一起逛街才知道自己不过始终是个孩子。

我不了解我的未来会是怎样，也不了解我会在哪里的街道上出现，我不去预言未来，我怕那是寓言故事，教育小孩子的。

时间变换了许多面貌，过去的终究是不会再回来了。翻唱的老歌，重拍的旧电影，一条蜿蜒曲折的长街，回收再用的塑胶瓶……一些事情、一些苍白、一些颓废，看了叫人心痛，忽然想到：只有明白了心里有什么样的空洞，才能知道自己想要什么。

读伊亚的日记，相信你也会有同样的感受。我们有时迷茫，有时困惑，可有时却很清醒，也很明确。在长辈的眼里，我们仍然是个孩子，但是在我们自己的内心，却时常会出现一些成年人的想法。我们不忍心违背父母的意愿，那就得违心地接受他们那些我们内心并不愿意接受的建议。是做一个长辈眼中的乖孩子，还是做一个内心真实的我？其实两者并不冲突。

说到郁闷、烦燥、不安这些情绪，其实不仅仅是在20岁这个年龄段才有的，它们伴随着人生的每一个阶段。只不过处于20岁的我们，在面对这些情绪时，还没有足够的能力去控制它、排解它。这不是我们的错，而是年龄带给我们的必然经历。这时候其实在你的内心深处，最需要的是倾诉与倾听，但苦于找不到对象。因为20岁的我们已经有了足够的自尊心，我们不愿意让父母或老师知道我们的心事，我们担心他们不但不会帮助我们，反而还会嘲笑我们幼稚的想法。这是一个会让自己觉得有些无助也有些无奈的年龄。

有时候，你会因为父母帮你选择兴趣爱好而痛苦；有时候，你会因为父母指责你的言行不适而烦恼；甚至有时候，你也会因为他们挑剔你所结交的朋友而伤心……那么，究竟是该完全按照长辈的安排去做，还是要遵循自己内心的想法一意孤行？相信你也知道，这两种近乎极端的做法都是不可取的。处在这个年龄段的你，就连父母也未必能完全认识到你已经长大成人，你还是他们心目中的孩子。并不是所有的父母都懂得心理学，并不是所有的父母都能猜透孩子的心思。所以你不说，他们就不知道你在想什么，这很正常。

人人都知道，伪装自己是一件很累的事情。可人们又常常会觉得某些事情不能也不应该按自己的真实想法去做，这时就需要伪装一下自己，为自己的言行披上一件或是善意或是忍耐的外衣，即使这样，我们也不得不承认，我们在内心承受了巨大的压力，因为心情是伪装不了的，高兴不高兴只有自己知道。

20 岁是一个单纯的年龄，或许你还没有完全学会如何说服长辈理解你的行为，或许你还没有能力让长辈完全支持在你看来是正确的想法，或许你更没有勇气表达出内心对这个世界的迷茫与困惑……但你唯一不应该缺少的，就是应该意识到自己已经是一个成年人了，是一个刚刚迈过青涩与稚嫩的，在前面还有很多未知需要你去经历的成年人。有了这层意识，你就可以开始尝试脱去伪装的外衣，尝试做一个真实的自我，尝试让自己的内心与外在统一起来。

很可能你还没有完全适应这种年龄上的变化，还在留恋那些曾经年少轻狂的时代，也还在留恋依偎在父母怀里撒娇的日子，这些都不要紧，因为即便一个人活到 80 岁，保持一颗童心仍然是可贵的，只是不要让这种童心变成你行为幼稚可笑的借口。每个人都会留恋那些无忧无虑的生活，可是如果永远持续在那种状态中，你生存的意义又何在？父母可以不小心忽视了你的成长，但你自己不能拒绝成长。

从你认识到你是成年人的那一刻起，你所应该学习的第一件事情，就是试着让父母和周围的人了解你目前的状态，让他们不要再用看孩子的眼光来看待你，要勇于表达你内心真实的想法。天下的父母都是爱孩子的，这句话是永远的真理。要相信他们为你所做的一切都是为了你将来的幸福，即使他们强迫你去学习一些你不感兴趣的东西，这让你很痛苦，但也完全是出于爱的初衷。而且几乎没有生活经验的你，真的能够十分确定父母为你所做的选择就是错误的吗？或者如果你认为自己的想法是正确的，何不主动与父母沟通？但这样做的前提是，你的想法必须是合理的而不是偏执的或者一时的兴之所至。相信 20 岁的你已经能够对自己内心的想法有一个比较客观的判断。

20 岁的你，不再是为父母而活着，也不再是为周围的人而活着，是在为你自己而活。我们常常会觉得活着很累，这是因为我们觉得自己是在为别人而活，而我们内心中真正的自我却不愿意这样活着，我们无法让这个真我和外在的我统一起来。因此我们会感到迷茫，感到困惑，也感到郁闷。要知道你的人生才刚刚开始，你的内心希望自己做的，不是徘徊，也不是犹豫，而是积极主动去思考生活，热情地去规划自己的人生。让那个曾经孩子气的"我"早些离开自己，取一个成熟的"我"而代之；让那个曾经以为可以永远生活在父母羽翼下的"我"尽快远离自己，换一个独立的"我"来飞翔！

我就是我，不是别人，要相信自己的力量。要活出自我，就先从认识自我和把握自我开始吧！

◎ 知道我是谁

西班牙伟大作家塞万提斯说："把认识自己做为自己的任务，是世界上最困难的课程。"其实，认识自己，恐怕也是人一生都需要修炼的课程。我们从记事起便有了自我意识，可谁又能保证自己真的认清了自己呢？也许有些人直到生命终止，也还不敢做出这样的总结：我完全了解我自己。20岁是人生一个新的起点，站在这个起点上，我们有必要首先学会认识自己，纵然它是一项困难的任务。

纵观古今中外，无论多么成功的人，都难免会有犯错误的时候，没有任何人的一生是不做错事的。美好的人生，是一种过程，而不是一种状态，我们最终收获的是人生的经历，不是它的终点。一个人一生的奋斗历程，比他所取得的成果更令人震撼，也更能打动人心。而往往他所能够享受到的，也是他的经历，并非成果。

莫扎特是一位杰出的奥地利作曲家，他从少年时代就展现出了杰出的音乐才能，3岁开始弹琴，6岁开始作曲，8岁写下了第一部交响乐，11岁便完成了他的第一部歌剧。闻名全欧的意大利米兰斯卡拉歌剧院上演他的歌剧《米特里达德》时，他才14岁。从20岁起，他便进入了音乐创作上的成熟期，并且在欧洲乐坛上牢固地树立了自己的地位。

然而，由于感染风寒，莫扎特在35岁时就离开了人世，命运虽然能使莫扎特英年早逝，却不能完全扼杀他的才能。莫扎特留下了600多部各种形式和题材的音乐作品，为人类创造了一笔无法估量的财富。

如果仅仅因为生命的短暂我们就确定命运是不公平的，我们对命运的看法未免也是不公的。因为上帝在为你关闭了一扇门的同时，也会为你打开一扇窗子。莫扎特的生命虽然短暂，但生命却赋予了他杰出的音乐才能，让他可以在短暂的人生旅途中尽情挥洒。纵然有太多的坎坷，但毕竟人生五味，只有全部体尝过了，才不算白走这一遭，何况他的一生都是与崇高的艺术为伴！

人生如四季，每一个阶段都有它诱人的风景。可处于春夏之交的你，却往往忘记了自己是谁、应该走向哪里。在这个大千世界里，是做一只井底的青蛙，固守一隅，不用担心风吹雨打；还是做一只守望在河岸边的苍鹰，准备展翅飞翔？

如果你还站在原地踏步，甚至不时回头张望一下童年的美景，那就马上收回你留恋的目光，因为那个季节已经不再属于你，那片风景里也已经印上了你的足迹。季节可以周而复始，时光却不能倒流。前面也会有更加美丽的风景等待你去欣赏。

如果你还在为没有做好准备而裹足不前，那就抓紧时间为自己打造用来前行的鞋子，四季不会因为你的停滞而不发生变化，当别人已经在欣赏夏日的荷花时，你却还在为花池蓄水，那将会是一件多么悲哀的事情！

如果你还在为没有选择走哪条路而苦恼，那么你最需要做的，就是尽快分辨出自己前行的方向，人生是在不断的选择中度过的，同一时间，在你的面前或许会出现几条不同的路，你只能选一条，并且不能后退。

老子说："知人者智，自知者明。"能够洞悉他人、了解他人的人，是有智慧的，但这是普通人的能力；真正高明的人，是了解自己的优缺点，知道自己该做什么、想要什么的人。

20岁的你，已经基本明确了自己的喜好。追逐享乐，我们还没有足够的资本；追逐名利，我们还没有足够的能力。目前我们唯一能够做的，就是取得迈向成功的钥匙，并且树立成功的观念。那么何为成功？

一个常年耕耘在土地上的农民，把自己一生的希望都寄托给了土地，终于有一天他播种出了比别人更加饱满的粮食，如果你问他什么是成功，他会说：我自己就是成功的。

一位在大山里教书的女教师，把全部的希望都寄托给了山村里的孩子，终于有一天她的学生中的一个考进了城里的某所大学，这时你问她什么是成功，她也会说：我是成功的。

一个以在蓝天中飞行为事业的航天员，把全部的汗水都抛洒在了蓝天白云中，当他在空中飞行过两万公里时，如果你问他什么是成功，他或许也会说：我是成功的。

……

成功的定义有两种：一种是别人认为的成功，这是外部的成功；一种是自己认为的成功，这是内部的成功。当然，我们所需要的，是内部的成功，它是真正的成功。一个人成功与否，并非取决于他赚了多少钱或做了多大的官，而在于他的内心是否愉悦。这种愉悦来自于他是否做了自己喜欢做的事。一个穷人，在你看来他可能是不幸的，但他如果觉得这种清贫的生活完全符合自己的要求，不用花费太多的精力去追求财富，他更乐于享受这种安贫乐道的生活，那么他就是成功的。

在衡量自己成功与否的时候，最忌讳的就是与人比较。因为每个人的出生环境、家庭背景都是不同的，所以说，人从一出生起就是不平等的。我们所说的人人平等，指的是我们所处的社会制度的平等，这种平等对自身的成长没有决定性的作用。俗话说得好：人比人，气死人。以人之长比己之短，是最不明智的比较方法，尤其是在客观条件方面。出身不能决定一切，但你后天的努力，却可以改变由于出身所带来的不利。

明太祖朱元璋出身极其贫穷，过了3年讨饭的生活，最终却成为杰出的政治家和军事家，名载史册。

拿破仑小时候，出身卑微，貌不及人，学习成绩也不如他人。但他从未因此而妄自菲薄，而是自重、自尊、自强，最终成为历史名人。

李嘉诚15岁丧父，家境贫寒无法继续读书，就离开潮州到香港投靠亲戚。22 岁开始白手起家创业，30 岁建立起庞大的塑胶花事业，商业上的成就惊人。同时，多年来一直依靠自学，并且深感知识改变命运的重要性，还成立了基金会捐赠扶持教育和医疗。

马云出生在杭州一户普通人家，1988 年毕业于杭州师范学院英语专业。中国第一家互联网国际贸易网站"阿里巴巴"的创始人；2005 年，成功并购雅虎中国；现任阿里巴巴公司董事局主席兼首席执行官，是中国互联网的领军人物。

……

一个人的出身或许能够对于他以后的成长有所帮助，但最终成为什么样的人却不是由出身所决定的。虽说大树底下好乘凉，但是在没有树荫为我们遮阳的情况下，风雨中的茁壮成长会来得更加坦然，更具魅力，也更能为后人所称道。

无论你的家庭贫穷还是富有，无论你的相貌美丽还是平凡，无论你的天资聪颖还是愚钝，这些都是无法改变的事实，但是当你认清了你自己时，就已经比别人先行了一步。有位哲人说过：不要以感伤的眼光去看过去，因为过去再也不会回来了，最聪明的办法，就是好好对待你的现在——现在正握在你的手里，你要以堂堂正正的大丈夫气概去迎接如梦如幻的未来。

你的未来需要你自己去开创！

◎ 生命无价

我不去想是否能够成功

既然选择了远方

便只顾风雨兼程

我不去想能否赢得爱情

既然钟情于玫瑰

就勇敢地吐露真诚

我不去想身后会不会袭来寒风冷雨

既然目标是地平线

留给世界的只能是背影

我不去想未来是平坦还是泥泞

只要热爱生命

一切，都在意料之中

——汪国真《热爱生命》

每当读到这首诗，内心都有一种无比振奋的感觉。是的，只要热爱生命，一切都在意料之中。在这个世界上，没有一样东西是比生命更宝贵的，哪怕是最最低贱的人，他的生命都和其他人一样高贵。

生命伊始，我们是脆弱的；韶华如驶，我们曾经茁壮；当青春不再，我们拥有生命；当容颜已衰，我们留恋生命。这个用来承载身体和心灵的来自父母的馈赠，我们真的有意识去珍爱了吗？如果不是因为传媒的作用，我很难想象出，在这个世界上，居然还会有那么多愿意主动放弃自己宝贵生命的人。

在网络上搜索仅仅 2008 年的大学生自杀事件，就足够令人触目惊心：

2008 年 12 月 29 日，是上海工程技术大学期末考试周的第一天。当天早上，离英语考试结束还有 10 分钟，该校一名大四刘姓男生提早走出考场，随后从教学楼 5 楼跳下，身受重伤。

2008 年 2 月 24 日晚上 7：40 左右，北京理工大学 23 岁的女研究生刘某在宿舍内吞安眠药身亡。

2008 年 2 月 26 日下午 3：50 左右，北京大学化学与分子工程学院 2006 级研究生李冬旭在学校宿舍楼地下浴室自缢身亡。

2008 年 2 月 27 日清晨 5：40 左右，人民大学大四女生被证实坠楼身亡。

2008 年 6 月 29 日上午，南通大学大四某男生跳楼自杀，原因是学校未发毕业证！

以上只是互联网上所例举出的个别案例，那么我们不知道的还有多少呢？当然，青年学生的自杀是由多方面原因造成的，其中不乏社会、教育、家庭等方面的原因，也不排除他们在成长过程中所形成的人格或心理上的障碍。但我们从中却不能不看到一点，那就是他们对生命的轻视。那么年轻而富有朝气的生命，就在自己的不经意间被放弃了，留给人们的却只能是疑问：生命缘何轻于鸿毛？而那些在灾难面前勇于抗争、热爱生命、执着于生命的人，却真真让我们流下了感动和疼惜的泪水，他们不屈的精神，也成为了一个时代的楷模。

1998 年，在那场百年不遇的特大洪水灾难中，有一个年仅 9 岁的小女孩，那场洪水毁掉了她的家园，她的父母及其他亲人无一生还，然而她却奇迹般地活了下来，因为她抱住了村中的一颗大树，她就那样抱着那颗大树，不吃不喝，一动不动，以超常的毅力坚持了 9 个小时，直到获救。

生存的本能在这个年仅 9 岁的女孩身上体现得淋漓尽致，她求生的意念最终战胜了天灾。在大自然面前，生命是渺小的，可也是坚毅的。

四川汶川地震发生后，当官兵们花费无数心血刨掉了压在初二二班的女生蒋德佳身上的一片片钢筋水泥残垣将她救出时，她念念不忘初三一班的女生廖丽。

当医生给她输上药水后，蒋德佳哽咽着不停地问老师："廖丽呢？"蒋德佳说："事发时，我只觉一阵地动山摇，想往楼上跑，结果没跑几步，整个楼都垮了。"她在听见同学们的一阵阵惊慌的尖叫声后就昏过去了。醒来时，白天已变成黑夜，浑身痛得要命，她想起身，却被一块块破碎的水泥板压住，难以动弹。在饥寒交迫中，全身是伤的她好几次想入睡，但上方有一个女孩子的声音传了过来："再疼也要忍住，千万不要睡，你一睡万一醒不过来怎么办？"被碎石压在上面无法动弹的女孩告诉她，自己名叫廖丽，是初三年级学生，她和她虽不相识，但听到她的呻吟声后，担心她在疲倦中不小心睡着丢命，就鼓励她要坚强地活下去。为赢得生机，原本不相识的二人在废墟里不停地相互鼓劲，最终为官兵叔叔救助赢得时间。廖丽先被救出，接着她也被救。蒋德佳说："我们经过生与死的考验结下的情谊，将一生无法忘却。"

袁文婷，一个普通女孩的名字，如果不是地震这场灾难，没有多少人知道她是谁：一位来自于汶川震灾地区什邡市师古镇民主中心小学一年级的26岁教师。汶川震灾发生时，袁文婷所在的民主中心小学的校舍也遭遇了严重的破坏，灾难发生时，教室里的很多孩子都吓得呆坐着，不知所措。为了最大限度地减少孩子们的伤亡，为了不让这些花朵般的孩子们凋谢，她一次又一次冲入危险的教室用柔弱的双手共救出13名孩子。当她最后一次冲进去时，三层的教学楼轰然倒塌……媒体用这样的语言美丽地记录了袁文婷最后的时光——青春定格在26岁。

袁文婷的生命是短暂的，但这个短暂的生命，却为人类谱写出了一首伟大的生命赞歌，她以忘我的精神和博大的胸怀换取了更多的生命。罗曼·罗兰说：世界上只有一种英雄主义，那就是了解生命而且热爱生命的人。无疑，袁文婷是一个真正的英雄，她的生命并没有消失，而会在那些孩子的身上得以延续……

同样是美好的青春年华，而有的人却无所顾忌地主动放弃了生命。纵使天堂有路，可灵魂又该到何处去安放未尽的青春？

我们都知道，当一头牲畜在面对生死攸关的时刻，都会表现出图存的本能，何况是做为高级动物的我们——人呢？我们又有什么理由不去珍惜生命？何况生命本身，并非只属于我们一个人，子曰：身体发肤，受之父母，不敢毁伤，孝之始也。在轻视生命的那一刻，你可曾想过，你的生命是与父母的生命联系在一起的？你年轻的生命，背负着父母亲沉甸甸的爱和期盼。

珍惜生命，这也是感激和回报父母的最好方式。这20年的人生旅途一路走来，唯一坚定不移伴随着我们的，便是父母亲人的爱。有这样热切关注你生命的人，你还有何理由不珍惜生命、热爱生命？

◎ 赢在起点

来自网络博客一位 20 岁少年的记录：

20 岁！在这充满抉择的年岁中，不知道还有多少个背负着满身压力的朋友们。我们都一样，在这个靠近成年和告别无知的过度期中，茫然、苦恼、思索、堕落……就连自己都不清楚自己该做怎样的选择，因为这种选择很难，难在你无法确定你做的选择是否正确，因为在这些选择背后不是一个答案，而是一条荆棘满地的路。

面对着复杂、残酷和充满压力的社会，很多人都不想、不敢接受自己已经步入成年的现实，但在满怀着对未来的遐想、对美好人生的向往时，又很想告别悠闲的、安然的过去……这到底该怎么抉择？

要想做好这个选择题真的很难。不仅做选择难，而且选择了过后自己的下一步该怎么做，也很难……

终归到底，人始终还是要面对现实，要长大。

其实，这种选择题根本不用选择，因为人始终会长大，所以每个人都只有接受自己 20 岁的现实。然而自己在面对着自己长大的现实时，又有几个人是有了成熟思想的呢？当每个人选择长大后，所有的压力就会悄然地砸在你的肩上。选择成年，就要为自己的将来做打算，想有一份成功的事业，又想有一个像童话故事般的精彩爱情故事。

……

20 岁，刚刚走过花季雨季的懵懂岁月，即将迎来的是人生中更大的挑战。面对亲情、友情、爱情，面对学业、事业，这一项项人生中的重大课题，孰重？孰轻？每每当那些朦胧的感觉与我们不期而遇时，思想就会像风中的小草一样摇摆不定，内心里打翻的五味瓶还没有来得及品尝其中的酸甜苦辣，各种滋味便融化在一起释放出一种苦涩的感觉……

20岁，站在人生的起点，就像运动员站在起跑线上。唯一不同的是，人生中没有人为你发号施令，一切的准备动作或许也无人监督，何时起跑更在于你自己的想法。但起步的早晚，会对你的成败起着关键作用。人的一生，不是观望奋斗的一生，而是参与奋斗的一生。20岁，你有着人的一生中最充沛的精力，此时不努力，更待何时？

记得曾经在大学毕业的自荐信上，我们最爱写的一句话就是："机遇垂青于有准备之人。"没有做好足够的准备，当机会来临时，我们拿什么去抓住它？有人形容机遇就像是满头满脸长满了头发的神仙，而他的后脑勺却是光秃秃的。也就是说，当机会来临时，我们必须有足够的力量迎面去抓住它，当他与我们擦肩而过后，一旦失之交臂就会悔之晚矣。

漫漫人生路可以有无数个起点，20岁、30岁、40岁，甚至50岁，都可以是一个新的开始。可是当你30岁时再来做20岁该做的事，这不亚于在无形中将自己的人生缩短了10年。人生总共才有几个10年？今天回头遥望昨天，明天还会后悔今天，你有多少时间可以浪费？人生苦短，要赢就赢在起点！

也许有人会说，一个人在学习期间的成绩好，并不能代表他就一定有工作能力。不能否认它有一定的道理，因为一个只知学习的书呆子，如果在其他方面都是后知后觉，要想在工作中表现出色，也是很难的，毕竟在社会中工作需要一个人的综合能力来做支撑。但是通过观察和了解大学毕业后同学的发展动向，大凡在校期间表现出色的同学，工作后大多数也是公司或单位里的优秀员工。因为他们在学校期间已经积累了相当的文化知识，并且在人格、修养、工作能力方面也已经得到了很大的提升。另外还有一点很重要，他们在学校期间，积累了很多优秀的人脉关系，这对以后的发展，也是极其重要的。俗话说，多个朋友多条路，试想，一个拥有很多朋友的人，无论在他的人生旅程中遭遇多少困难，又何患无人帮助呢？

下面这个故事或许会对我们有所启示：

伊凡和建平同是南方某大学外语系的学生，两人在校期间是好哥们儿，每天共同吃饭、共同学习，他们的学习成绩在系里均名列前茅。这让他们感到很自豪。大学校园有着良好的学习氛围，同时也是轻松愉快的。

两人在学习之余有着不同的兴趣爱好。建平酷爱网络游戏，每次学习后的放松时间，他都会一头扎进网海，体验虚拟人生中的快乐。虽不成瘾，却把大部分的业余时间都扔在了网吧里。而伊凡的业余爱好却是研究中国古典文学，他尤其酷爱先秦文学。在学校图书馆里度过了大学4年时间的伊凡，即便不能全部背诵出《诗经》全集，对诸子百家也是耳熟能详了。

毕业后两人同时进入某外企从事与专业相关的工作。刚进入公司时两人不相上下，算是共同进步。可是时间一久，他们之间的差距便很快显现了出来。由于工作性质所致，他们在工作中经常会与外国的客户打交道。而近年来西方友人对中国的传统文化表现出了极大的热情，在与中国人的交往中，也难免会兴致盎然地聊起孔子、老子……不言而喻，伊凡在大学时代所积累的文学素养，在这时候派上了大用场。他们的客户对伊凡大加赞扬，当然在工作方面也给予了大力的扶持。很快，伊凡的职位得到了提升。

建平到这时才如梦初醒。他曾经在网吧里所浪费掉的时光是再也不会回来了，要再补上当初文化方面的那一课，不知还要付出多少年的时间呢！而伊凡此时却已经在考虑出国深造的计划了。

相同的经历，建平却让自己赢在了起点。他为自己赢得的不仅仅是职位的提升，而是充裕的时间。在时间面前，任何人都没有能力言后悔二字。

今天的你正与其他同龄人站在相同的起跑线上，谁能够欣赏到更多沿途的风光，谁能一路领先轻松跑向成功的终点，就看谁为自己打包好完备的行囊，这份行囊里包括知识、能力、素养，甚至爱好、特长……

今天的你，如果不想输得太早，就赶快开始为自己准备行囊吧！

◎ 我的生活我做主

天行健，君子以自强不息。每一个成功的人，必是一个自强、自立的人。

在高中或大学里，我们身边都不乏这样的事例：某位同学从一入学开始，就不会照料自己的生活，生活用品要完全从家里带来，是父母为其准备好的。而每周穿过的衣服，也要大包小包地背回家去由妈妈来洗。或者是学习很忙的时候，母亲会亲自到学校为孩子洗衣服。而这些同学不但不会为此感到羞愧，往往还引以为豪。试想一个已经跨入 20 岁门槛的青年，就连生活中的一些小事都处理不好，还指望将来会有成功的一天吗？这种强烈的依赖性，必定会成为人生道路上的绊脚石，如果不能及时清除它，别说成功，以后能否在社会中立足都值得怀疑。

从小我们就被教导要做一个独立的人，而真正的独立绝非仅仅拥有处理一些生活中的琐事的能力那么简单。真正独立的人，应该是凡事有自己独立见解的人，是遇事能够控制自己情绪的人，是在生活中不随波逐流的人，是在困难面前绝不低头的人，是在人生选择的岔路口能够做出理智判断的人，也是积极规划自己人生的人……

现代社会是一个充满了个性的社会，人人都对社会上的现象有自己的看法，甚至人人都想标新立异、特立独行。由此而产生的"非主流"让我们兴奋不已，在它还没有转化为"主流"之前，是那么地充满了诱惑。可是你有没有想过，在我们大呼尊重个性、张扬个性的同时，我们除了衣着、言行上的随心所欲，在我们的内心，真正已经摆脱了传统观念的束缚吗？我们真的敢于为自己的生活做主吗？在真正面对学业、事业、感情时，那些所谓的自己做主恐怕连说起来也是心虚的。

一个真正独立的人，并非只靠言语或行为上的独立就可以名副其实。真正的独立，需要内心的无比强大，这种强大包括自信、勇气、毅力等等。没有这些坚强的品质，表面上的独立是不堪一击的。

同学的表弟小丁是一个外表看上去很时尚的青年，在某所不太出名的大学毕业后的两年内，工作已换了若干份，迄今为止，他所做的工作没有一份是超过半年时间的，每次不是被辞就是自己主动辞职。闲谈中了解到了他过去的一些情况，不禁令人深思。

高中毕业时，在校学习成绩属中等水平的小丁曾对数学很感兴趣，填报大学志愿时也依照自己的兴趣填报了数学专业。遗憾的是上天并没有眷顾这个对数学一往情深的学子，高考发榜后小丁名落孙山。那时的他如果意志力坚定，第二年再重新参加高考，相信考上大学并如愿进入数学专业的可能性还是很大的。可就在这时，父母由于担心小丁下一年也不会考上大学，家境还算殷实的他们通过四处奔走，最终为小丁物色到了一所虽不算太有名但也口碑不错的学校，并替小丁选择了当时最热门的外语专业。

曾经，小丁也矛盾过，不知是该遵从自己的心愿继续复读，为明年再考大学做准备，还是接受父母亲的安排，去读他不喜欢的英语专业。最终，他还是没能克服不自信的心理而接受了父母的安排。就这样，小丁还没有来得及规划自己的人生便匆匆跨进了大学的校园。本就对英语感到头痛的他，在大学期间依然没有对其产生丝毫的热情，每天除了吃饭睡觉，对其他事情都提不起兴致。按照后来他自己的说法：能够坚持4年就已经很不容易了。就这样浑浑噩噩度过了4年的时光，不难想象毕业时小丁的专业水平。

最后一次见到小丁时，他还在待业，苦于在校期间学习成绩太差，又没有发展其他方面的特长，现在要找到一份称心的工作实在太难了。

从以上的事例不难看出，一个人能否真正为自己的生活做主，表现在面对大是大非时是否能够遵从内心真实的想法。如果当初的小丁能够遵从内心的愿望，重拾信心复习一年再度参加高考，相信通过努力他迟早会如愿考进自己所喜欢的专业。这样在进入大学后就不会整天为自己的专业而苦恼。我们都知道，为一件自己感兴趣的事情而努力奋斗，是幸福的。这样小丁在毕业后也会充实许多，自信许多。他所面临的社会，必将是另外一番天地。

对自己负责或许充满了挑战性，可一旦你开始为之努力并有了具体行动之后，就会觉得事情比原来想象的要容易很多。这就和我们早上起床是一样的道理，往往在我们还躺在温暖的被窝里时，一想到要爬起来去上学或上班，就会相当痛苦。可真正起床后，走在洒满阳光的路上，就会觉得神清气爽，这时再想想躺在床上实在是一种浪费。

这是一个让人眼花缭乱的社会，大千世界里有光明也有黑暗，如果你的心每天都期盼着太阳的升起，那么生活中就处处是阳光地带。做不了参天大树，就做一株可以迎风起舞的小草，但切记不要成为摇摆不定的墙头草。任何人的父母都不可能永远陪伴孩子走下去，所以也不会有人永远为你规划未来。亲情可以为你的远扬护航，却不应成为你航行途中的牵绊。早一些为自己的生活做主，也就早一些正确驶入你人生的航道。

出发前，一切的准备工作都由自己来做，这样在航行的途中需要什么工具，才会第一时间知道去哪里找。做一个真正的舵手，不随波逐流，遇到坏天气，不怨天，不尤人。人往往有这样的本能，在遭遇不幸或遇到挫折时，更愿意把坏结果归结为客观原因，而很少从自身去反醒。比如有的人学习成绩比别人差，他就会说自己天生不如别人聪明，智商比别人低，或者说老师传授的方法有问题。而很少认为是自己不努力的原因。

一个刚刚大学毕业的男孩，给人的感觉斯斯文文，谈吐间也能表现出一定的修养。当他有一天突然在父母面前吸烟时，父母感觉很难接受。问他为什么要吸烟，他说："上学时同学都吸，我也就跟着学会了，现在戒不掉了。"明明是自己的控制能力不强，却硬要说成是环境造成的。

　　胜人者有力，自胜者强。只有战胜了自己才是真正的强者。一个人生活在社会中，做出什么样的决定难免受周围环境的影响，但最终做出选择的决定权却掌握在你自己的手中。人生是一个不断选择的过程，正确的选择会让人受益终生。美国儿童文学家苏斯博士在他临终前出版的最后一本书《啊，你将去的地方》中写到："你头里有大脑，鞋里有脚，你可以驶向自己选择的任何方向。"一个人如果失去了选择的能力，那该如何面对未来呢？

　　生活没有一定之规。你所做出的选择在有些人看来或许是盲目的、幼稚的，甚至是自不量力的。但是周围的人能够代替你来生活吗？路是自己走出来的，踩着别人的脚印前进，迟早会有无路可走的一天。只有按照自己设定的目标，脚踏实地，不动摇，不盲从，生活才会变得与众不同。

　　"走自己的路，让别人说去吧！"我想说的是，放弃别人左右你思想的话，做自己生活的主人吧！

第二章
能够自我强大的人最了不起

　　一个人面临挫折并不可怕，可怕的是被挫折所击倒。在挫折面前，是逃避还是坚持，完全凭自己的态度。如果能够理性地分析目前所处的环境，不盲目、不惊慌，困难往往比你实际所想象的要小得多，而且帮助你化解困境的助力往往就潜藏在困境之中。人们很容易被对事物的看法而非事物本身所困扰。其实走出自己心中的阴霾，困难就已经解决了一大半。

◎ 将自己垫高，让挫折变为成功助力

一头驴子不小心掉进一口枯井里，驴子的主人绞尽脑汁想办法救出驴子，但几个小时过去了，驴子还在井里痛苦地哀嚎着。主人四处奔走请来乡邻帮忙，最终还是没有办法，只好决定放弃。他们想这头驴子年纪大了，即使"人道毁灭"也不为过，不值得大费周章去把它救出来。不过无论如何，不应该让驴子遭受太多的苦难，最后他们决定把这口井填起来，以免除驴子的痛苦。邻居们人手一把铲子，开始将泥土铲进枯井中。当这头驴子了解到自己的处境时，刚开始哭得很凄惨。但出人意料的是，一会儿之后这头驴子就安静下来了。人们好奇地探头往井底一看，出现在眼前的景象令他们大吃一惊：当铲进井里的泥土落在驴子的背部时，驴子的反应令人称奇——它将泥土抖落在一旁，然后站到铲进的泥土堆上面！就这样，驴子将大家铲倒在它身上的泥土全数抖落在井底，然后再站上去。就这样，驴子慢慢地升到了井口，然后在众人惊讶的表情中潇洒地走开了。年迈的驴子靠自己的智慧夺回了宝贵的生命。

正如那头驴子一样，我们在人生的旅途中也难免会陷入"枯井"里，或许还会祸不单行，同时被各种"泥沙"倾倒在身上。要想走出困境，就应该学习驴子的智慧，将泥沙抖落掉，然后站到上面，让那些阻碍我们前行的"泥沙"成为我们的垫脚石。只要不被打倒，无论"枯井"有多深，最终都能摆脱困境。

人生不如意事十之八九。人的出身有所差别，在旅途中所遭遇的困难也是千差万别。但相同的是，每个人都有一颗可以思考的大脑，每个人也都可以用积极乐观的心态去面对挫折。美国作家罗威尔说过："人生不幸之

事犹如一把刀，它既可以为我们所用，也可以把我们割伤。"有的人只经历过一次挫折，就遍体鳞伤；而有的人一生都在遭遇挫折，可是却能始终坚持内心的理想，最终走向成功。

一位朋友说他曾在高考落榜的同时遭遇了失恋，那时他痛哭流涕，满是绝望，甚至离家出走。但当有一天来到长江岸边时，他被眼前的景象惊呆了：滔滔不绝的江水奔腾不息，汹涌澎湃的波浪争先恐后地向前冲着，有的遇有礁石阻挡，便呼啸着迎面撞去，宁肯粉身碎骨，也要化成璀璨的星，展示自己的光彩。他突然就萌发了豪气，这促使他毅然踏进复读的教室，最终考上了大学。

挫折并不可怕，真正可怕的是在挫折打击下的放弃和自卑。当处于挫折中时，你应该学会超脱，学会从自然、他人那里寻找激情，重拾信心。人在20岁的年龄段，抵抗挫折的能力还很低。但人生必然要经历这一阶段的磨炼，才会真正成熟起来。人是没有能力避免那些不可抗拒的事实的发生的，唯一能够做的，就是在这些事实面前，以乐观的心态去面对，而不是对这个世界大失所望。一味地抱怨，换来的只能是最终的失败。

梁子在工作初期，就曾遇到过一件令她至今回忆起来都觉得很难面对的事情。那时在杂志社工作只有一年的时间，但梁子每天兢兢业业，从不曾有一丝一毫的懈怠，每天除了做好自己的本职工作，也会帮前辈们做一些额外的事情。她想想自己是新人，多做一些事情是应该的，这对自己以后的成长也不会有坏处。就这样慢慢地得到了领导和同事的肯定。本以为这样一直做下去，凭借自己对工作的热情和对人的真诚态度，便可以一帆风顺。哪知天有不测风云，在这个世界上，即便你是完全没有私心地全力付出，也不可能永远得到同样的回报。那时恰逢有了一次人事上的变动，单位刚好进来一位和某位年长的同事关系比较密切的新人。说是新人，但也要比梁子的年纪大上几岁。那时由于单位的工作人员数量相对较少，几乎每个人都是身兼两职以上。有一天在编辑会上，那位年长的同事，突然对梁子的工作横加指责，提出了很多在别人看来尽乎吹毛求疵的意见，而且对她的工作能力大加质疑。

此情此景，对梁子来说无疑是晴天霹雳。因为在她看来那个和自己母亲年龄相仿的同事，原本是那样慈祥的人，在那一刻却变得面目狰狞。刚刚从学校单纯的环境中走出来、初涉职场的梁子完全被这一情景所惊呆，甚至有很长时间处于对办公室的恐惧状态，而且整夜无法入睡，在睡梦中反复出现那位同事对自己指手划脚。她无论如何也想不通，那个同事为什么要那样对待自己。当然后来也听说，她是为了让那位新人取代梁子的职务。

不管怎样，梁子最终还是从那次挫折中走过来了。幸运的是，她并没有因为那位同事的伎俩而受到领导和其他同事的怀疑。她也很庆幸自己当初没有因为遭受挫折而提出辞职，更没有因此而对人性产生怀疑。"人都是有私心的，面对别人的私心，我想我所拥有的能力，就只能是一如既往地投入工作，而不是停留在对人性的恶劣所产生的痛苦中。"梁子这么想。那时她所能采取的唯一方法，就是让自己的工作更加地无可挑剔，因为她知道，在这里自己没有坚强的后盾，没有人可以做自己的庇护伞，所以只有通过自己的努力让自己强大起来。

现在回想起来，通过那次事件，梁子更加确定，人生需要挫折。越早经历挫折，就会越早让自己成长起来。但是在面对挫折时，不能只是一味地怨天尤人。更多的怨恨，只能使自己迷失，长期下去，就会一蹶不振。当你还不如你的敌人强大时，对待他的最好方法，就是置之不理，你越是蔑视他，他就会越加心虚。而同时你自己也会变得心胸宽广起来。

人的一生会遭遇各种各样的挫折，如果你想获得成功，首先要学会如何面对挫折。聪明的人会在挫折中寻找成功的经验，愚蠢的人只顾着怨恨挫折；坚强的人会让挫折变成自己成功的助力，懦弱的人在挫折面前变得更加自卑。你要牢记，活着不是为了向命运低头，而是要勇敢地征服命运。

在坚强、勇敢、智慧、善良的人面前，一切丑恶的卑劣的事物，最终都会消失，它的出现，只是上帝想让你早些成功，为你所设置的障碍，目的是使你变得越来越强大。

◎ 学会放弃内心的挫折感

有两位同学一起在校园里散步，这时看见张老师从对面走过来，两位同学都热情地同张老师打招呼。而张老师似若有所思，对两位同学毫不理会，旁若无人地从他们身边走了过去。这时其中的一位同学说："张老师怎么不理我，是不是我成绩不好，他看不起我？"满脸写着懊恼的表情。而另一位同学却回过头去，对着张老师大声说："张老师，您想什么呢？这么投入！"张老师似被猛然从某种沉浸的状态中拉出来，因为他确实在思考一个科研项目。这时他回过头来热情地与两位同学打招呼。第二位同学用他的积极和热情化解了一场可能发生的误会。

有很多时候，挫折完全是一种内心的感受，并非实际遭受了挫折。同一件事情发生在两个不同的人身上，其中一个人可能内心安然无恙，而另外一个人就可能产生强烈的挫折感。一个人的情感体验是在特定的生活环境中形成的，但是放弃内心的挫折感，只需要你换一种心情去面对事物，换一个角度去看待事物。事情本身并没有你想象的那么糟糕，只是你在内心将一件无关紧要的小事想象成坏事了。

婷婷从小学习成绩就很优秀，高中毕业后顺利地考上了自己理想中的大学。可是到了大学之后，却发现这里人才济济，原来很优秀的自己显得很普通了，老师和同学也不再把关注的目光投向她。但她依然很努力，每一项学习任务、每一次活动，她都认真去对待。有一次上数学课时，老师在讲解一道很难的数学题，由于数学是婷婷的强项，老师便要婷婷来解答，但偏巧这道题婷婷在前一天晚上没有预习到，当然也无法回答老师了。老师并没有批评她，但婷婷却满面通红，羞愧难当，回到宿舍后还大哭一场，把同寝室的同学弄得莫名其妙。以后每次上数学课，婷婷都会很紧张，甚至不敢看老师一眼。原本数学成绩很好的她，由于上课时长期处于一种挫败的感觉中，每次翻开数学课本，心里都会有一种莫名的失落感。慢慢地她开始厌倦数学课，最后导致数学成绩一落千丈……

婷婷的这种挫折感，完全是由于自己主观造成的。因为原本各方面很优秀的她，到了大学之后却发现自己并不优秀，其实她自身的条件并没有发生变化，而是同样优秀的人多了起来而已。由于不能正确看待自己和环境的变化，这时的一件小事，就立刻使她的挫折感在无形中增强了。上课回答不出老师的问题，对于学生来说，是再正常不过的一件事情，相信每个读过书的人都经历过。有着良好心理素质的学生，会把这种小小的挫折转化为努力学习的动力，会在心中暗暗发誓，下次一定要好好复习，为自己争口气。像婷婷一样，如果不能用积极的心态去应对，本来就是鸡毛蒜皮的一件小事，在她那里却像天崩地裂一样，给自己打上了解不开的心结，最后就只能独吞学习成绩下滑的苦果了。

一个人承受挫折的能力与其过去所经历的挫折多少有关。现代的年轻人，大多数是独生子女，加之物质生活条件较好，人生的道路上畅通无阻，对挫折的忍耐力极差。如果不能学会以积极的心态去应对挫折，就很难有所做为。如果你发现了自己正处于这样的状态，那么一定要尽快调整自己，不要时常让那种不该有的挫败感困扰着你。正所谓："忍人所不能忍，为人所不能为。"只有这样，才能笑对人生，活得快乐。

面对挫折，无论是真正所遭遇的挫折，还是内心想象出来的挫折，同样需要用乐观的心态去面对。尤其是内心想象出来的挫折，有时是由自卑心理所导致的。认为自己处处不如别人，就很容易产生挫折感。

比如女孩子因为外表不够美而自卑，男孩子因为个头不够高而觉得抬不起头来等等情况，实际上如果能够换一种想法，女孩可以通过学习来提高自己，永远保持拥有一颗善良的心，最终同样可以获得美好的爱情，也同样可以事业有成，相貌的普通反倒为自己减少了不必要的麻烦；男孩子要懂得，做为一个男人，真正的高度并不取决于身高，而在于他的学识、修养、能力、心胸……如果你不是想成为姚明，最终能否获得成功与身高是毫无关系的。

同样是家境贫穷的人，有些人整天唉声叹气，怨恨上帝的不公，埋怨父母没有给自己一个富裕的家庭。如果你恰巧是这样的情况，那么赶快丢掉这种对你不利的想法。我在大学时代有一位女同学，父亲早逝，母亲一人把她们姐弟两人带大，显然家境非常贫穷。但我却从未见她忧愁过，反而脸上时常挂着笑容。她在学校的食堂里勤工助学，每次吃饭遇到她，她都会热情地和大家打招呼，她的热情感染着每一位同学。我们都为她拥有乐观、向上的心态而钦佩她。俗话说，穷人的孩子早当家。幼年时代家境的贫寒，可以使人早些懂得生活的艰辛。家境的贫穷不是你的错，现在的贫穷，不代表将来也贫穷。但是如果你只是一味地怨恨，而不想办法积极去应对，恐怕永远也走不出贫穷的状态。

任何事物都有它的两面性，如果你一直盯住它阴暗的一面，就永远也不会见到美好；相反，让自己换一下角度，只看它阳光的一面，事情就会变得美好起来。生活中你或许会觉得别人总是一帆风顺而自己却处处遭遇挫折，其实每个人的生活都有烦恼，那些你认为一直顺利的人，是他们有较强的耐挫能力，他们把挫折看得很淡，并且很快从受挫的心态中摆脱出来。而你却把同样的挫折无限放大，对挫折过分地敏感紧张，这些都是主观因素造成的。要想获得快乐的人生，就要先学会放弃自己内心的挫折感。从某种程度上说，挫折也是人生中的一笔财富，可以把它看成是天将降大任于我前上天对我的考验和磨练。真正遭遇挫折时需要积极面对，而把想象出来的挫折无限放大，岂不是庸人自扰？

◎ 拥有积极人生观

人生观有积极的,也有消极的。拥有积极人生观的人会拥有积极的人生,拥有消极人生观的人则只会有消极的人生。一个人的一生能否取得成功,在很大程度上取决于是否拥有积极的人生观。而是否拥有积极的人生观,则与家庭环境、教育背景等因素毫无关系。可有了它,却能够改变一个人的一生。

克里蒙·斯通,美国最有钱的人之一,美国联合保险公司的董事长。斯通生于1902年,童年时家在芝加哥南区。他曾卖过报纸。斯通卖报时,有家餐馆把他赶出来好几次,可一想起母亲因替人洗衣服满手的血口子,他还是一再地溜进去。那些客人见他这样勇气非凡,便劝阻餐馆的人不要再踢他出去。结果他的屁股被踢得很疼,口袋却装满了钱。

这事不免令他深思:"哪一点我做对了呢?""哪一点我做错了呢?下次我该怎样处理同样的情形呢?"他一生中都在这样问自己。

斯通16岁念中学时那个夏天,他试着出去推销保险。站在一幢办公大楼的门口时,他犯怵了。这时,当年卖报纸的情景又重现在他眼前,于是他站在那栋大楼外的人行道上,一面发抖,一面默默念着自己信奉的座右铭:"如果你做了,没有损失,还可能有大收获,那就下手去做。马上就做!"

于是他做了。他像当年卖报纸被踢出餐馆那样壮着胆子走进大楼。他没有被踢出来。每一间办公室他都去了。那天,只有两个人向他买了保险。以推销数量来说,他是失败的,但在了解自己和推销术方面,他收获不小。回家的时候,斯通赚了几元佣金,觉得已经不错了,他知道他有克服恐惧的那种勇气,而且他还想出了克服恐惧的技巧。

第二天,他卖出了4份保险。第三天,6份。他的事业开始了。

那个假期及后来放假的日子里，他继续推销健康保险和意外保险。他居然创造了一天 10 份的好成绩，后来一天 15 份，20 份。他分析自己为什么成功，他发觉是因为自己有了积极人生观。

20 岁的时候，他搬到芝加哥，开了一家保险经纪社——联合登记保险公司，全社只有他一人。他决心使这个公司办得跟它的名称一样堂皇。开业的第一天，他销出了 54 份保险。开市大吉，斯通信心十足。然后开始在其他地区扩展，事业一天比一天兴旺。而有一天，几乎叫人不敢相信：创造了 122 份的纪录！经过了 4 年的自我训练、自我策励之后，他达到了几乎是不可能达到的目标。更可喜的是，以前买了保险的人，到期又要求继续下去，不必再花力气，佣金源源而来。

早期的成功使斯通得出了一个原则：开始的时候不要图快，要把根基打稳，一切都要靠自己。现在他有办法招收其他的推销员了。

他在芝加哥一家报纸上登了一则招聘广告："学习的绝好机会……"仅伊利诺斯一州就有许多人回信应征，他从中挑选了一些。

到 20 年代末期，从东海岸到西海岸，他雇用了 1000 多人。每州都有一名推销总管，领导推销员，他自己管理各地总管。后来又在芝加哥设总部，总部之下的几个副职帮助斯通主管全盘，那时斯通还不到 30 岁。

但那时候，整个美国笼罩在经济大恐慌之中。有一阵子，斯通好像也要走上末路：大家都没有钱买健康保险和意外保险，真有钱的人又宁愿把钱存下来以防万一。这一段艰难时光给斯通添加了几条如何对付困难的座右铭："如果你以坚决的、乐观的态度面对艰难，你反而能从中找到益处。""销售是否成功，决定于推销员，而不是顾客。"

为了证明他说的不是空洞的口号，他走出办公室，直接去纽约州推销了。在经济大恐慌最严重的时期，他每天成交的份数，竟与以前鼎盛时期的相同。

1938 年底，克里蒙·斯通成了一名百万富翁。斯通说他成功的奥秘是一种叫做"积极人生观"的东西。小时候的贫穷，并没有让他因此减少勇气。在每一个困难面前，他都积极地去争取胜利，即使在很小的时候，有些事情令他感到害怕，可他依然没有放弃。正是因为有了这种积极的人生观，斯通才有了后来无限壮大的事业。

一个生活态度积极的人，总是能从失败或挫折中看到希望，并能想出办法来激励自己。他们会在心中不断地告诫自己：只要努力，一切都会好起来的！拥有积极的人生观，凡事往好处想，自己给自己希望，生活就一定会有希望。人生是否能够精彩，全在于你是否想让它精彩起来。你能拥有什么样的人生观，就在于你是否拥有一些能够让你积极起来的各种品格。

热情 一个对生活充满了热情的人，生活也会拿最好的礼物回馈于他。整天都无精打采的人很难从生活中找到乐趣，而周身都散发着阴郁气息的人，更难吸引别人去关注他。有了热情和激情，再加上行动，生活就变得有意义了。

企图心 不想当将军的士兵不是好士兵。只有对成功充满了极度渴望的人，才能真正成功。它不仅仅是希望，而是一种非常强烈的愿望。

决心 没有决心就做不好任何事情。环境不能决定我们的命运，一旦我们下定了决心，就会变得力大无穷。

主动 凡事都应积极主动去争取，机会不会待在那里等着你去抓，要学会创造机会。凡事把命运交给上天和别人来安排的人，永远都不会有任何收获。

自信 不管客观条件是否成熟，不论能否得到别人的帮助，你首先要相信自己可以办得到。没有人可以替代你来生活，你要首先相信自己，别人才会相信你。

学习 不断学习的人才会不断进步。对于爱学习的人来说，这个世界永远都充满了未知，探索的欲望可帮助你保持对人类、社会以及大自然的神秘感。如果一个人决定停止学习，那么他对人生也就不会抱什么希望了。

爱心 一个对万物生灵充满了悲悯情怀的人，总是会抱着积极的态度去争取成功，因为成功对他来说已不仅仅是个人物质或财富的满足。当你把回馈社会当作人生追求的终极目标时，你就已经首先在思想上取得了成功。甘愿奉献的人，永远都能得到别人的支持。

自律　一个人应该学会宽容别人，但绝对不能纵容自己。人最大的敌人就是自己，一个能管得住自己的人，才不会随波逐流。要想成功，你就得忍受与亲人分离、一个人在外拼搏的艰辛；你更得忍受世俗的干扰和尘世的诱惑，在这个物欲横流的社会独善其身。

坚持　俗话说"坚持到底就是胜利"。无论怎样，坚持必定有所收获。一个轻言放弃的人，永远也不会取得成功。

心理小测验

性格和压力测试

以下各题，你只需回答"是"或"否"。请以你的第一反应作答。

1. 你是否一向准时赴约？

2. 和配偶或朋友比，你是否更易和同事沟通？

3. 是否觉得周六早晨比周日傍晚容易放松？

4. 无所事事时，是否感觉比忙着工作时自在？

5. 安排业余活动时，是否向来都很谨慎？

6. 当你处在等待状态时，是否常常感觉懊恼？

7. 你多数娱乐活动是否都和同事一同进行？

8. 你的配偶或朋友是否认为你随和、易相处？

9. 有没有某位同事让你感觉很积极进取？

10. 运动时是否常想改进技巧、多赢得胜利？

11. 处于压力之下，你是否仍会仔细弄清每件事的真相才能做出决定？

12. 旅行之前，你是不是会做好行程表的每一个步骤，而当计划必须改变时，会感觉不自在？

13. 你是否喜欢在一场酒会上与人闲谈？

14. 你是否喜欢闷头工作躲避处理人际关系？

15. 你交的朋友是不是多半属于同一行业？

16. 当你生病时，你是否会将工作带到床上？

17. 平时的阅读物是否多半和工作相关？

18. 你是否比同事要花更多的时间在工作上？

19. 你在社交场合是不是三句话不离本行？

20. 你是不是在休息日也会焦躁不安？

4、8、13题答"非"得1分，其他题答"是"得1分。请统计总分。

12—20分：A型性格

0—9分：B型性格

10—11分：介于两者之间

■ A型特征

喜欢过度的竞争，喜欢寻求升迁与成就感；在一般言谈中过多强调关键词汇，往往愈说愈快并且加重最后几个词；喜欢追求各种不明确的目标；全神贯注于截止期限；憎恨延期；缺乏耐心；放松心情时会产生罪恶感。

■ B型特征

神情轻松自在而且思绪很密；工作之外拥有广泛兴趣；倾向于从容漫步；充满耐心而且肯花时间来考虑一个决定。

A型性格较之B型性格，对压力更敏感，也比较容易过激，对压力的心理承受能力也差一些。因此A型性格的人要避免陷入焦躁状态，不要被突发事件打乱阵脚，更不要时刻让自己处于紧张状态。

◎ 知道尺有所短、寸有所长

古人云："夫尺有所短，寸有所长，物有所不足。智有所不明，数有所不逮，神有所不通。"在这个世界上没有十全十美的人和事物。智者有犯糊涂的时候，即所谓聪明一世，糊涂一时；神仙也有不知道的事情。无论多么优秀的人，都会有他的缺点和短处；反之，一个人即便一败涂地，也还会有他的优点和可取之处。

一天，毛驴和白马结伴到山区去。在平川大道上，白马奋起四蹄，扬起尾巴，不一会儿就把毛驴甩到了后边。白马转过头来看了看毛驴，见它摇着两只大耳朵，不紧不慢地走着，非常着急，便朝毛驴大叫起来："喂，怎么不把脚步迈得紧一点儿？看你那慢吞吞的样子，我们什么时候才能到达目的地呢？你这黑驴子，真是个庸才！"

毛驴听了白马的训斥，一不生气，二不泄气，仍然一步一步地向前走着。

毛驴和白马进入山区后，那山路变得又陡又窄，崎岖不平，白马的速度不知不觉地慢了下来，身上的汗水像刚洗过澡似的。毛驴却加快了步伐，噔噔噔地赶到了前面。

白马看毛驴走起羊肠小路来是这样的轻松，不解地问："黑毛驴，你为什么走起山路来比我快呢？"

毛驴回答说："因为术业有专攻，各有所用。在一定条件下落后的，并不都是庸才啊！"

白马听了毛驴的话，再看看毛驴那坦然的样子，对自己刚才的失言感到十分羞愧。

这个故事说明，一时一地的落后并不代表永远的落后。白马在平坦的大道上跑得非常快，把毛驴远远地甩在了后边。可到了崎岖的山路上，却无法再施展自己的才能，这时毛驴反倒能很轻松地跑到了白马的前面。试想，如果毛驴因为落后而无法忍受白马的嘲笑，早早就放弃前行，那么它将永远也不会超过白马，更不会知道自己在羊肠小道上可以尽情施展自己的才能。

术业有专攻。在这个世界上没有一无是处的人，也没有毫无缺点的人。最重要的是既能认识自己的缺点，也要看到自己的长处。不能因为只看到自己的缺点就妄自菲薄，萎靡不振；也不应该觉得自己永远比任何人都优秀，像一只骄傲的公鸡。只有善于发挥优势，取长补短，才会让自己不断进步。美国成功心理学研究发现，每个人都有自身独特的优势，它是指一个人先天就有能够做好某类事情的能力，而且比其他人都做得好。关键的问题是，人们是否能够发现并发挥好自身的这种优势，利用这种优势取得成功。

世界著名惊险小说作家阿瑟·黑利就是发现自身独特优势然后取得成功的典型代表。阿瑟·黑利原来也并不认为自己有什么写作上的才能。有一次，他在飞机上享受午餐时，突发奇想，如果机组人员都因食物中毒而死了，会怎么样？他从这个奇想开始构思，感到自己思如泉涌，这实际上是他在惊险小说创作上独特优势的重要信号。幸好阿瑟·黑利没有忽视这个重要信号，他尝试把自己的构思写成小说，这就是他的处女作——《危险之旅》的来历。从此他发现了自己在惊险小说创作上的独特优势，开始专门从事惊险小说的创作。

阿瑟·黑利的代表作有《航空港》、《大饭店》等，他的小说被翻译成38种文字，在40个国家都获得了惊人的销量，总销量在1.7亿册以上。好莱坞的制片商对他的作品青睐有加，他的很多作品被搬上银幕后取得巨大的成功。

阿瑟·黑利之所以最后获得成功，就在于他发现了自身的独特优势，并紧紧抓住不放，果断采取行动，把自己的奇想变成了惊险小说，否则，阿瑟·黑利大概也只能成为一名默默无闻的普通职员。对于绝大多数普通人来说，他们要么忽视了自己的独特优势，要么犹豫不决、瞻前顾后，眼睁睁地看着成功的机会与自己擦肩而过。其实要发现自己的独特优势也并非难事，只要做一个对自己有心的人，善于回忆、善于总结，自身的独特优势总会在某一时刻给你一种信号。比如你是否发现自己尤其热衷于某一项活动，当自己在做这项活动时会较做其他事情更投入？当别人在做一件事时，你是否也有强烈的愿望去做这件事，并且做过之后会感到无比的欣慰，甚至觉得如果再多些努力还会做得更好？当发现了自身的优势后，还要学会善于发挥这种优势。一个善于利用自身优势取长补短的人，在成功的道路上也会少走很多弯路。

原微软全球副总裁李开复博士就是一位善于发挥自己独特优势和扬长避短的高手。他说："我曾经发现自己最欠缺的是演讲和沟通能力，与人交谈都会脸红，做助教时表现特别差，学生甚至给我取了个'开复剧场'的绰号。在我反复练习演讲技巧的同时，又注意到了自己的优势——第一个优势是不用讲稿，通过讲故事的方式来表达会表现得更好。第二个优势是我回答问题的能力超过了演讲能力，同时，我又发现自己的劣势是不感兴趣的东西就无法讲好。于是，我在演讲时就尽可能发挥优势回避劣势。几年后，我周围的人都夸我演讲得好，甚至有人认为我是个天生的好演说家。"

当然，一个人独特的优势并非像身体上的某一个器官那样一目了然。它可大可小，有时甚至隐藏在你的劣势之中。即使是一次失败的经历，如果善于总结，或许你也会发现自己的优势所在。比如在参加某项需要集体努力的活动时，虽然最后以失败告终，但你却发现，你在这次活动中结交到了几个很好的朋友，而且团队里的人都对你的评价非常高。那么协作能力强、人际关系良好，这就是你的优势所在。在将来的某一天，你很可能就会成为某个团队的领导者。

一个人天生的独特优势并非一经挖掘出来就大放异彩，也并不是说有了这种优势就一定能够成功，它是帮助和促进你成功的有利条件。聪明的人能够将自身的优势发挥到极至。哪怕是一种小小的、不起眼的优势，如果能够很好地加以利用，相信你也可能在将来大有作为。恰恰相反，年轻人最要不得的就是毫无根据地争强好胜，而不知道理智地扬长避短。比如有人明明擅长文科，可在高考时却偏偏填报理科专业，结果进了大学后苦不堪言，最坏的结果还有可能贻误终生。天生五音不全的人，无论多么崇拜歌唱家，也不要试图为学习音乐大费周折；个子矮小的人如果放弃举重而去投篮，那是最愚蠢的做法。假如你的成绩门门亮红灯，无论多么宏伟的目标都不能激发你的学习兴趣，反而你对体育运动非常热衷，可是要成为体育明星也没什么指望，那么就把目标定为健身俱乐部的高级教练，或者成为某个出色人士的私人教练，也是个不错的选择。

人生测试

与人交往你属哪类

请对下列问题作出"是"或"否"的选择：

1. 碰到熟人时我会主动打招呼。

2. 我常主动写信给友人表达思念。

3. 旅行时我常与不相识的人闲谈。

4. 有朋友来访我从内心里感到高兴。

5. 没有引见时我很少主动与陌生人谈话。

6. 我喜欢在群体中发表自己的见解。

7. 我同情弱者。

8. 我喜欢给别人出主意。

9. 我做事总喜欢有人陪。

10. 我很容易被朋友说服。

11. 我总是很注意自己的仪表。

12. 如果约会迟到我会长时间感到不安。

13. 我很少与异性交往。

14. 我到朋友家做客从不感到不自在。

15. 与朋友一起乘公共汽车时我不在乎谁买票。

16. 我给朋友写信时常诉说自己最近的烦恼。

17. 我常能交上新的知心朋友。

18. 我喜欢与有独特之处的人交往。

19. 我觉得随便暴露自己的内心世界是很危险的事。

20. 我对发表意见很慎重。

第 1、2、3、4、6、7、8、9、10、11、12、13、16、17、18 题答"是"记 1 分,答"否"不记分,第 5、14、15、19、20 题答"否"记 1 分,答"是"不记分。

1~5 题分数说明交往的主动性水平,得分高说明交往偏于主动型,得分低则偏于被动型。6~10 题得分表示交往的支配性水平,得分高表明交往偏向于领袖型,得分低则偏于依从型。11~15 题得分表示交往的规范性程度,高分意味着交往讲究严谨,得分低则交往较为随便。16~20 题得分说明交往偏于开放型,得分低则意味着倾向于闭锁型,如果得分处于中等水平,则表明交往倾向不明显,属于中间综合型的交往者。

由于人的气质、个性等特点不同,表现在人际关系中也有不同的类型。正如不同气质类型的人适合做不同工作一样,不同人际关系类型的人所适合的工作也不同。

主动型的人在人际交往中总是采取积极主动的方式,适合于需要顺利处理人与人之间复杂关系的职业,如教师、推销员等。被动型的人在社交中则总采取消极、被动的退缩方式,适合不太需要与人打交道的职业,如机械师、电工等。

领袖型的人有强烈的支配和命令别人的欲望，在职业上倾向于管理人员、工程师、作家等。依从型的人则比较谦卑、温顺，惯于服从，不喜欢支配和控制别人，他们意愿从事那些需要按照既定要求工作的、较简单而又比较刻板的职业，如办公室文员等。

严谨型的人有很强的责任心，做事细心周到，适合的职业有警察、业务主管、社团领袖等，而随便的人则适合艺术家、社会工作者、社会科学家、作家、记者等职业。

开放型的人易于与他人相处，容易适应环境，适合会计、机械师、空中小姐、服务员等职业，闭锁型的人适合的职业有编辑、艺术家、科学研究工作等。

◎ 相信你自己

有一位顶尖级的杂技高手，一次，他参加了一个极具挑战的演出，这次演出的主题是在两座山之间的悬崖上架一条钢丝，而他的表演节目是从钢丝的这边走到另一边。

演出开始时，山上聚满了观众，只见杂技高手走到悬在山上钢丝的一头，然后用眼睛注视着前方的目标，并伸开双臂，一步、两步，终于顺利地走了过去，这时，整座山响起了热烈的掌声和欢呼声。

"我要再表演一次，这次我要绑住我的双手走到另一边，你们相信我可以做到吗？"杂技高手对所有的人说。我们知道走钢丝靠的是双手的平衡，而他竟然要把双手绑上。但是，因为大家都想知道结果，所以都说："我们相信你的，你是最棒的！"杂技高手真的用绳子绑住了双手，然后用同样的方式一步、两步终于又走了过去。"太棒了，太不可思议了！"所有的人都报以热烈的掌声。但没想到的是杂技高手又对所有的人说："我再表演一次，这次我同样绑住双手然后把眼睛蒙上，你们相信我可以走过去吗？"所有的人都说："我们相信你！你是最棒的！你一定可以做到的！"

杂技高手从身上拿出一块黑布蒙住了眼睛用脚慢慢地摸索到钢丝，然后一步一步地往前走，所有的人都屏住呼吸为他捏一把汗。终于，他走过去了！掌声雷动！"你真棒！你是最棒的！你是世界第一！"所有的人都在呐喊着。

表演好像还没有结束，只见杂技高手从人群中找到一个孩子，然后对所有的人说："这是我的儿子，我要把他放到我的肩膀上，我同样还是绑住双手蒙住眼睛走到钢丝的另一边，你们相信我吗？"所有的人都说："我们相信你！你是最棒的！你一定可以走过去的！"

"真的相信我吗？"杂技高手问道。

"相信你！真的相信你！"所有的人都说。

"我再问一次，你们真的相信我吗？"

"相信！绝对相信你！你是最棒的！"所有的人大声回答。

"那好，既然你们都相信我，那我把我的儿子放下来，换上你们的孩子，有愿意的吗？"杂技高手说。

这时，整座山上鸦雀无声，再也没有人敢说相信了。

生活中我们常常会说："我相信我自己，我是最棒的！"无论是在心里说，还是把它大声喊出来，这无疑是给自己打气的最好方法。可是这样说过之后，当我们真正遇到困难的时候，我们真的做到相信自己了吗？还是把克服困难寄希望于别人？正如罗曼·罗兰所说的，先相信自己，然后别人才会相信你。就像杂技演员走过山崖上的钢丝一样，在可能的情况下，如果没有足够的自信，他怎么能够办到？可是当困难达到顶端时，如果连自己都不相信自己，谁还敢相信你？

自信是迈向成功的第一步。有了它，无论前进的道路上有多少荆棘，你都可以劈荆斩棘；没有它，哪怕是一块小小的顽石，都能轻易将你绊倒。"你若说服自己，告诉自己可以办到某件事，假使这事是可能的，你就能办得到，不论它有多艰难。相反的，你若认为连最简单的事也无能为力，你就不可能办得到，小土丘对你而言，也变成不可攀的高山。"

当然，自信不等于自负。相信自己也不应一味地固执己见，来自亲人、师长、朋友的意见同样重要。一个善于听取别人意见的人，总能从其他人的意见中找出对自己有利的加以利用，集思广益必能取得事半功倍的效果。唐太宗自有治理国家的雄才大略，他相信自己的才能，但同时也接纳了魏征的"十思"，而不必"劳神苦思，代百司之职役"；齐王也有管四方、理朝政的能耐，他不会怀疑自己的才能，但他同时也接受了邹忌的"纳谏"，而使"燕、赵、韩、魏皆朝于齐"。反之，相信他人也并不代表要事事听从他人意见、亦步亦趋：没了主见的人就像墙头上的小草，随风倒是很难茁壮成长起来的。

自信是一个人快乐面对生活的重要条件，没有了自信，凡事依靠他人，必然经常产生畏难情绪，要知道，任何人都不可能帮助你一辈子，只有自己相信自己，才能坚定地走完这一生。天助自助者。真正懂得教育方法的父母，在看到孩子摔倒的时候，如果没有严重的创伤，都会要求孩子自己站起来，而不是自己去扶他，目的就是为了培养孩子自立的品格。在人的一生中，迟早要自己面对生活。处于青春时代的你，已经脱离了父母的羽翼，要想真正有所作为，就要相信自己，遇到困难首先要想到自己去解决，而不是在自己毫无努力的情况下就去求助别人。一个经常在船上工作的人，必须要自己学会游泳，如果只想着救生员会帮助自己或者穿救生衣，当有一天大浪突然来袭击时，在别人还没有来得及帮助你的情况下，你或许就已经被大浪卷走了。

张力，22 岁，去年刚刚大学毕业，他从小生在一个富裕的家庭中，父母也都是当地比较成功的人士。可是大学毕业后他拒绝接受父母为他安排的工作，只身一人来到北京，当时正赶上经济危机袭来，别说刚毕业没有工作经验的学生，就是那些在企业里工作了几年的员工，也是纷纷下岗。结果可想而知，张力在几个月内都没能找到工作。但是他并不气馁，始终相信自己绝对能行。再次见到他时，他已经成为了某教育培训公司的正式员工。像这样独立并且自信的年轻人，在以后的人生道路上一定会大有作为的。因为他给了自己一个很好的起点，那就是相信自己的力量。

通过观察周围的人我们就能发现，那些凡是经过父母的帮助，靠花钱进入大学的学生，在校期间很少有成绩出色者；同样那些在单位中由某位领导生硬安插进来的员工，也很少能独当一面。人生的道路上没有永远的保护伞，只有相信自己，依靠自己的力量，一步一个脚印，踏踏实实地走出来的人生，才是值得回味、值得骄傲的人生。

心理测试

从衣服看你的自信心

又到了该换季的时候了，该把衣橱整理整理喽。整理了半天，你发现你衣橱中什么式样的衣服最多呢?

A. 最新流行服饰

B. 颜色鲜艳或是样式夸张华丽的服饰

C. 宽大的衬衫或T恤

D. 单色款式简单的服饰

解析:

选择A的人:你是那种外表自信可是内在却很心虚的那种人。你非常害怕别人会看出你内在信心不足，所以在不知不觉中，会随着社会所认同的价值而随波逐流，但是往往又不能完全理解其中的道理。看来你要再用功点，多做点人际功课吧!

选择B的人:虽然你看起来有旺盛的表现欲望，可是事实却不然，这样的包装，只是你用来掩饰内心不安的武器。其实你是有点神经质的人，遇到一点事就可能有过当的反应出现，所以在外表上，你必须装得毫不在乎，这样才能让你有安全感!

选择C的人:表面上看起来你好像是一个很好说话的人，其实最最固执的人就是你了。一旦发起牛脾气来，任谁也拗不过你。害羞、冷漠是你用来掩饰害怕和别人接触的自然反应!

选择D的人:你是一个有自信的人，虽然你并没有在态度上咄咄逼人，可是只要你坚持一个想法，无论别人如何去唆使、引诱，你都不为所动。不过这不代表你是刚愎自用的，相反的，你很喜欢听到别人对你的建议!

◎ 把自己亮在暗处

道尔是一家拥有千名员工的大公司的职员，在这么大的公司中，他一直为自己得不到提拔和重用而懊恼。

一天晚上，他正要到地下室去取储藏的东西，突然停电了。他去找蜡烛，没有找到；去找其他用来照明的东西，也没有找到。正当他无计可施的时候，他所触动的一张音乐贺卡响了起来，伴随着悦耳的声音，有光亮从纸片间漫溢出来。他打开贺卡，发现灯的光亮并不弱。他想，可不可以带着它去地下室试一试呢。果然，在暗黑的地下室里，贺卡的光更显炫目，借助它的光亮，他很容易地找到了要找的东西。

事后，道尔想，这样一张几乎废弃的贺卡，会在暗处派上意想不到的用场，那么自己是不是可以找到另一种途径实现自己的价值呢？道尔似乎从这件事上获得了灵感，很快，他就从他所在的公司跳槽出来，加盟到一个只有几十人的小企业，并从市场部的一个小员工开始做起。因为他在原来公司积累了丰富的工作经验，加上不俗的实力，不久道尔就被提升为项目部的主任，后来，他又从主任的位置升任项目部经理。然而，他没有在这个位置上久留，又从这家公司跳槽到了另一家更适合自己的公司，并逐渐做到了经理的位置。

后来，就是这位道尔，成了一家跨国大公司的董事长。在他那本传记的末尾，他谦逊地说：我仅是一粒微弱的星火，如果我还有高明的地方的话，我懂得如何把自己放在一个恰当的位置上，让微弱的光耀眼一些罢了。

人的一生中总会碰到许多低潮和挫折，坚持和明确自己的位置就像黑暗中的一盏明灯，能为你驱除黑暗，指引方向。

很多时候，庸人与伟人的差距仅仅在于多一点点的坚持，多一点点的努力。

奥格·曼狄诺——美国最伟大的推销员说过："我承认每天的奋斗就像对参天大树的砍击，头几刀可能廖无痕迹，每一击看似微不足道，然而，累积起来，巨树终会倒下。这恰如今天的努力。就像冲击高山的雨滴，吞噬猛虎的蚂蚁，照亮大地的星辰，建起金字塔的工匠，我也要一砖一瓦的建起自己的城堡，因为我深知水滴石穿的道理。只要持之以恒，什么都能做到。"

只要你愿意，种子终会寻找到适合自己的土地。好好地经营你的希望，坚持对的方向，日夜兼程，你总会到达你想要到的地方，实现你想要实现的高度！

当今时代，对20岁的我们来说，都面临着新的挑战、新的问题：职业转换、工作调整、重新开始等等。从一个长假的慵懒中回到现实生活，很多人感到缺乏斗志，激情不足。以下方法可以帮你塑造自我，塑造那个你一直梦寐以求的自我。

离开舒适区　不断寻求挑战激励自我。提防自己，不要躺倒在舒适区。舒适区只是避风港，不是安乐窝，它只是你心中准备迎接下次挑战之前刻意放松自己和恢复元气的地方。

撇开无益朋友　你所交往的人会改变你的生活，对于那些不支持你目标的"朋友"要敬而远之，同乐观的人为伴能让我们看到更多的人生希望。

调高目标　许多人惊奇地发现，他们之所以达不到自己孜孜以求的目标，是因为他们的主要目标太小，而且太模糊不清，使自己失去动力。如果你的主要目标不能激发你的动力，目标的实现就会遥遥无期。

迎接恐惧　世上最秘而不宣的秘密是，战胜恐惧后迎来的是某种安全有益的东西。哪怕克服的是小小的恐惧，也会增强你对创造自己生活能力的信心。

敢于竞争　　竞争给了我们宝贵的经验，无论你多么出色，总会人外有人，所以你需要学会谦虚，要努力胜过别人。不管在哪里，都要参与竞争，而且总要满怀快乐的心情。要明白最终超越别人远没有超越自己更重要。

立足现在　　锻炼自己即刻行动的能力。不要沉浸在过去，也不要沉溺于未来，要着眼于今天。当然要有梦想、筹划和制定创造目标的时间，不过，这一切就绪后，一定要学会脚踏实地，注重眼前的行动。

走向危机　　危机能激发我们竭尽全力。当然，我们不必坐等危机或悲剧的到来，从内心挑战自我是我们生命力量的源泉。圣女贞德说过："所有战斗的胜负首先在自我的心里见分晓。"

加强排练　　先"排演"一场你要面对的最复杂的战斗。如果手上有棘手活而自己又犹豫不决，不妨挑件更难的事先做。生活挑战你的事情，你定可以用来挑战自己。成功的真谛是：对自己越苛刻，生活对你越宽容；对自己越宽容，生活对你越苛刻。

不要害怕拒绝　　面对别人的拒绝不要消极，不要听见"不"字就打退堂鼓，应该让这种拒绝激发你更大的创造力。

◎ 纵情起舞，哪怕无人观看

你如果连自己都不相信，还能相信什么呢？然而相信自己很难。或者说，自信心是一种很大的力量。自信的力量还没有达到与恶习对抗以及与命运对抗的程度时，只好自卑。自卑，常常是自我保护的很好的方式，它会使心平静下来，也能免去很多的麻烦。但自卑总有一天会惹恼你自己。因为内心深处的尊严从一开始就不与自卑妥协。当自卑与自尊在潜意识里打得不可开交的时候，人会突然变得无所适从，原来由自卑收拾的一小片田地会变得十分狼藉。

不如用自信来爱护自己。自信是预先在心里塑造一个新我，然后观察新我的成长。而新我的每一点点成长，又会返过来生成自信。自信当然不是傲慢无礼。在这个世界上，只有傻瓜才傲慢无礼。在任何富有成就感的事物当中，你都看不到傲慢无礼。麦子傲慢吗？河流与村庄傲慢吗？不。在一些优秀的人当中，你看不到傲慢，林肯、爱因斯坦都由于谦逊而可爱。

自信仅仅是相信自己。相信自己是相信人的力量，包括相信自己具备人类应有的美德。自信还是相信道德的力量。最后，我还是要说"信心"这个词里面藏有禅机，信心就是相信自己的心。如果你相信自己的心，一切都会安稳下来。剩下的，是该做的事。如此说，人的一生其实就是那么简单。你是如何看待自己的，或多或少都会影响其他人对你的看法。至于你对自己优缺点的描述，都在一定程度上决定了他人对你的印象。

我们的最终目的是希望建立自己可靠的形象，由里到外始终如一。就某种程度上来说，谦虚是一种美德，而且所有人都能接受。可是一旦谦虚过了头而自我贬低，后果就和吹牛一样糟糕。

有一些人就是有这种坏习惯，而且你在第一次和他们见面时就能察觉到。他们开口就说："我这样做可能不大对，不过……"或者是说："也许我的脑筋不太灵光，但是就我看来……"他们自己很难发现这个毛病，显然这个习惯已经根深蒂固了。

要记住，自贬身价没有一点好处。有魅力的人绝不会在人前自贬身价。否则你等于给周遭的人增加了负担，他们不得已只好说一些鼓励你的话。最糟的是，他们还在你身上看到了一些原先隐而未见的缺点。

不要自贬身价、成为自己可怕的敌人。即使是开玩笑，也不要看轻自己。一个经理，他把全部财产投资在一种小型制造业上。由于世界大战爆发，他无法取得他的工厂所需要的原料，因此只好宣告破产。金钱的丧失，使他大为沮丧。于是，他离开妻子儿女，成为一名流浪汉。他对于这些损失无法忘怀，而且越来越难过。到最后，甚至想要跳湖自杀。

一个偶然的机会，他看到了一本名为《自信心》的小书。这本书给他带来勇气和希望，他决定找到这本书的作者奥里森·马登，请马登帮助他再度站起来。

当他找到马登，说完他的故事后，马登却对他说："我已经以极大的兴趣听完了你的故事，我希望我能对你有所帮助，但事实上，我却绝无能力帮助你。"

他的脸立刻变得苍白。他低下头，喃喃地说道："这下子完蛋了。"

马登停了几秒钟，然后说道："虽然我没有办法帮助你，但我可以介绍你去见一个人，他可以协助你东山再起。"

刚说完这几句话，流浪汉立刻跳了起来，抓住马登的手，说道："看在上帝的份上，请带我去见这个人。"

于是马登把他带到一面高大的镜子面前，用手指着镜子说："我介绍的就是这个人。在这个世界上，只有这个人能够使你东山再起。除非坐下来，彻底认识这个人，否则，你只能跳到密歇根湖里。因为在你对这个人作充分的认识之前，对于你自己或这个世界来说，你都将是个没有任何价值的废物。"

他朝着镜子向前走几步，用手摸摸自己长满胡须的脸孔，对着镜子里的人从头到脚打量了几分钟，然后退几步，低下头，开始哭泣起来。

几天后，马登在街上碰见了这个人，几乎认不出来了。他的步伐轻快有力，头抬得高高的。他从头到脚打扮一新，看来是很成功的样子。

"那一天我离开你的办公室时，还只是一个流浪汉。我对着镜子找到了我的自信。现在我找到了一份年薪三千美元的工作。我的老板先预支一部分钱给我家人。我现在又走上成功之路了。"

他还风趣地对马登说："我正要前去告诉你，将来有一天，我还要再去拜访你一次。我将带一张支票，签好字，收款人是你，金额是空白的，由你填上数字。因为你介绍我认识了自己，幸好你要我站在那面大镜子前，把真正的我指给我看。"

第三章
美不在别处，只在你的心中

20岁可谓是人生的最有活力的一个时间点，也是最迷茫的一个时间点。因为那时我们可能才刚步入社会，对社会的一切也只是懵懂状态，相信这一点很多人都有同感。所以在20岁时面对人生的未来，可能是一个很困难的问题。再难的问题都有它解决的方法，我们应该积极面对。

◎ 我幸福，也要让你幸福

有一个家境贫寒的女学生，父母希望她高中毕业后能够早日工作赚钱以贴补家用。但是，她却坚持入学，靠着奖学金和打零工维持自己的大学生活。两年后，当弟弟考上大学却凑不足学费的时候，父母怂恿她休学，并把存下来的学费拿出来给弟弟用。她却坚持说，一定要将书念完，自己不能随便休学，但她愿意把缴完学费后所剩下的余额给弟弟用。无奈之下，父母最终还是借钱帮弟弟缴了学费，而她却被人说成是"狠毒的人"、"只顾自己的自私鬼"。辛苦地完成了大学学业后，她成为了一名护理师。

6年后的某一天，她拿出了一大笔钱，请父母搬到一处更大的房子居住。父母惊讶不已，对她说："还是拿这些钱准备你的婚礼吧！"看着父母还给她的存折，她笑着说："你们以为我会连结婚的钱都没准备好，就给你们这些钱吗？"正如她自己说的那样，她自己的婚礼费用早就已经准备好了。从此之后，她所到之处，大家都会称她为"孝女"。

对20几岁的女孩子来讲，她们最大的负担之一，就是当自身的能力还没有完善时，就有愈来愈多的人希望得到她们的帮助。有很多20几岁的年轻人，要从拼命工作得来的月薪中，拿出大部分的薪水给父母或者兄弟姊妹用，剩下的薪水根本所剩无几。甚至有些女孩还会提供资金帮助男朋友求学，大多数金钱都是有去无回，还没等到男朋友有所回报，自己却早已累得筋疲力尽了。这样辛苦地工作，留给她的只有几句夸她善良的好话，以及没有存款的存折和迷茫的未来。

牺牲是一件悲壮的事情，但是，如果想实现真正意义上的牺牲，那就不应该期待从中得到任何回报。如果供养弟弟上大学，同时期盼有一天能从他身上得到回报，那么，当弟弟事业有成却忘恩负义时，这种牺牲就没有任何价值了。你也许会讲"我不求任何回报"，但是，那绝对是一种傲慢心态。并不是任何人都可以做出不求任何回报的牺牲。哪怕是无条件爱子女的父母，也希望能够得到子女一些些的回报。

当你的牺牲得不到回报的时候，终究有一天会感到后悔的。但是不管遇到什么情况，只为自己而活的人，绝对不是幸福和成功的人。

我们应该牢牢抓住那些关系到自身未来的、最重要的东西，但除此以外的一切都应该让给别人。换句话说，就算我不能得到任何回报，也应该在能力范围内，给予别人自己力所能及的帮助。只有这样，对方才能安心地接受，自己也会心情愉快。对那些经常礼让他人的人，我们只会说他很善良，而不会说他很傻。善良和傻并不一样，不要把善良的人全部都当成傻瓜。以恶脸对笑脸的人，一百个人里面也找不到一个，而我们每天见到的人，不见得会有一百个。哪怕周围不讲理的人再多，也不会超过十个人。

20几岁的人初次踏进复杂的社会，最初的感觉大概就是"无论我怎样努力，也不会得到应有的回报"。但是再过几年，那些有洞察力的人就会意识到"付出最终还是有回报"。不以友善的心态面对生活的人，别人也不会厚待他。所以，和没有付出也没有收获的人生比较，付出多且得到的也多的人生要有意义得多。人的一生当中，最能够得到锻炼和感触的便是20几岁这段时期。

不论这个世界怎样冷酷无情，人类终究还是受感情控制的情绪动物。如果一个人在早晨上班的路上对不期而遇的同事说"你好像胖了，应该减肥啰"，那么她就犯了一个大错，因为她将破坏同事一整天的好心情。这样的人往往会有这样的想法："我是一个直性子的人，事情过了就忘了，所以别人也不会讨厌我。"但是，这种习惯破坏别人情绪的人，是很难成功的。

常讲一些让别人开心的话、鼓励自己的话的人，也会用积极的态度对待人生。反之，常常轻易出言伤害他人的人，也会在生活中受到同样的伤害。

奇怪的是，常常出言伤害别人的人，却往往更无法接受别人对自己的负面评价，因此，她们大部分的时间都是在不愉快的心情中度过的。凡事先经过大脑转换，不论使用什么方法都要改掉这个坏毛病。随便讲话就和随便对待自己是一样的道理，而随便对待自己的人，前途往往看不到光明，这是十分明显的道理！

20几岁的人要对自己的人生充满期待，要下定决心不虚度一生。和平凡的人结婚生子，辛辛苦苦地过日子——看到上一辈的这种生活，20几岁的人往往会为他们感到可悲。20几岁的人似乎认为"幸福"一词有些过时而老土，觉得它比较适合出现在公益广告中，或者是安于现状的懒人口中。

但谁也不会拒绝自己想要的，而漫无目的地抱着过好日子的愿望，却不主动寻找幸福之路。人都是为了幸福而工作，为了幸福而吃饭，为了幸福而交际。为了得到真正的幸福，我们需要认识到"幸福"的存在。

◎ 积极面对人生的每个瞬间

人们更喜欢讲别人倒霉的故事。如果你想有新的尝试时，他们就喜欢列举很多失败的例子，想让你放弃。这是因为，人们都有希望别人和自己停留在同一个起跑点的心理。报纸向来只喜欢炒作那些倒大霉的新闻，却无视于更多人安然无恙生活的事实。

以积极的态度面对一切，我们必须坚持下来。成功人士的随笔自传或者处世书中，都可以见到他们充沛的、积极的能量。这些处世书给人吹来一阵清爽的风，告诉我们"心里想着可以做到，那就一定能够做到"。

思维控制的第一阶段就是阅读这类的书籍，让自己的思维找到适当的模式。最容易见效的方法，就是定期阅读这种讲述积极思维方式的书。接着，就是执行书中介绍的思维控制法。每天看着镜子讲一百遍"我是个了不起的人"，或在房间里贴一张偶像的照片也可以。

最想推荐的方法是，每天写"积极的日记"。人们一般都喜欢在日记中记下伤心的事情。但是，将来再看到这些日记时，只会觉得幼稚可笑，往往不会再读第二遍。"积极日记"就是记录一天中发生的美好事物，或者记录期待发生的好事。不论受悲观论的影响多么严重，只要写下积极的日记，忧郁的心情就会有很大的改善。然后，你就可以得到积极迎接第二天的力量。

更重要的是，这些记录下的愿望，过一段时间后，多半会真的实现。那些记录下来的文字，比起心中的空想，更容易和现实发生化学反应，而这个化学反应的催化剂就是"信念"。看一位演员的采访，这个在歌唱领域已经取得卓人成就的歌唱家在采访的结尾说了这样一段话："梦想终究会实现。但是，我们不能偶尔想起自己的梦想，而是要每天都想着它。"不管这个方法是自我催眠，还是积极记日记，总之，她每天都在让自己进行积极的思考。

消极的情绪远比积极的情绪更容易传染。要多和那些一直相信自己可以做到并努力实践的人们交流，从中分享他们的能量。同时，你也可以鼓励他们，和他们成为彼此信赖的朋友。周围有很多积极朋友的人，一般都很容易得到进步。如果身体不舒服的话，不管自己怎样努力，都会感到心情不好，很容易变得消极。因此，为了不发生抱病咬牙工作的情况，平时就要照顾好健康。如果这样还生病的话，不如干脆就推掉工作，躺在家里养好身体再说。不要对自己应该做的事情缺乏激情，把自己的工作当成维持生计的工具。把工作当作不得已的责任，就只能不断抱怨着"温饱都难以解决"的生活。聪明人会对自己严格，但不会对自己苛刻。因为，他们清楚地知道，不能愉快地享受人生，那生活就没有任何意义。

"屋漏偏逢连夜雨"，一旦开始遇到倒霉的事情，往往就会祸不单行。如果追根究底的话，就是发生了第一件不好的事情，导致别的事情也没有处理好，由此再引发出别的意外。整个状态不好，就会把平常的问题也当作是非常倒霉的事情。总之，这种雪上加霜的状况，会把我们逼到无法重新站起来的恐慌之中。这时最怕的情况是：我们连打起精神、努力站起来的想法都没有，不想做事，不想休息，也不想出去玩，连呼吸都不想。"过一段时间就会好了"，就算有这样的想法，如果就这样放任不管的话，疗伤的时间将会比预想中长很多。

如果意志继续消沉下去，就很有可能从此堕落。困难并不是时间长了就会自动离开的，如果没有自我解救的意识，苦难只会像台风过境般，留下巨大的伤口。时间仅仅是愈合这个伤口而已，而我们应该做的最好选择是不留下伤痕。

心情沉到谷底之后，应该开始忘记痛苦，积极地安慰自己。你会觉得在一团混乱中什么都不想做，哪里还有心情来安慰自己。其实不然，闭上眼睛认真想一想，能让你心情愉快的事情非常多，你也比任何人都清楚这些方法。买一杯香浓的咖啡，找一部喜欢的电影，或者在路边挑选物美价廉的饰品等，这些看似细小却可以让心情愉快的事情很多。就算一开始不情愿，但只要坚持执行，心情就会有所好转。

同时要妥善利用朋友。一提到让朋友安慰，大家都会想到坐在一起借酒消愁的场面，但是，只要是有经验的人都会知道，想要走出困境，实际上喝酒并没有多大的帮助。比起这种烂方法，还是和朋友们一起开开心心地外出游玩更为有效。一定要打电话给那种在一起就能让你开心的朋友。向别人伸手等待安慰时，说不定反而倍受冷落，导致心情更糟；即便是朋友，有时可能也无法设身处地为你考虑、主动关心你。如果你还没有失去热情，那么经过细心的自我安慰，也会重新获得生气。用心安慰自己，永远让自己记得，这个世界是一个愉快的地方。会安慰自己的人，才是可以控制世界的人。

因此，如果你不是特别成功的人，不管你怎样解释这种积极思考的力量，在别人眼里也不过是一个无能者的自我安慰而已。他们只会看你现在的状况，而看不到你身上具备的成功的可能性。正因如此，藏在你内心中梦想的宝石之光，从外人的角度看来，更像一些寒酸的碎玻璃片。

在别人面前表现积极的想法，大多数情况下都会受到伤害和打击。如果你已经决定用积极的眼光看待这个世界和自己，并决定以此来实现自己的梦想，那么，你应该把这一切藏在心中。

不要试图让别人也接受你那些积极的想法，也不要试图为了接受积极的想法而利用任何理论。积极的想法从出发点起，就很难用理论来证明其优越性。积极的想法是为了实现还没有发生的事情而存在的，但消极的想法大多是以已经发生的事情为背景。比如说，当你希望自己成为一位成功的设计师时，往积极的方面考虑，无非就是"只要有热情，就一定可以成功"之类的预想。往消极的方向考虑，甚至可以得到三段式的证明。"在这个行业里,连那些得过很多奖项的设计师都有可能被淘汰,而我没有得奖的经验,因此,我当然不能成功。"

从数据上来看,这个世界上失败比成功的例子多,因为多次的失败才能够换来一次成功。但是,在人们的眼里,只有看得见、摸得着的东西,才值得相信,因此,对人们来说,失败比成功更具有说服力。

20 几岁的人都认为,成功的人都有深刻而复杂的价值观。但是,上了岁数的精明人,他们的共同点都是"愈来愈单纯"。如果想说服某个以缜密的理论武装自己而且心态绝望的人,只需要记住这样一句话:有积极想法的人不一定都能成功,但是,成功的人一定是有积极世界观的人。

◎ 多走一步就是天堂

一对从农村来城里打工的姐妹，几经周折才被一家礼品公司招聘为业务员。她们没有固定的客户，也没有任何关系，每天只能提着沉重的钟表、影集、茶杯、台灯以及各种工艺品的样品，沿着城市的大街小巷去寻找买主。5个多月过去了，她们跑断了腿，磨破了嘴，仍然到处碰壁，连一个钥匙链也没有推销出去。

无数次的失望磨掉了妹妹最后的耐心，她向姐姐提出两个人一起辞职，重找出路。姐姐说，万事开头难，再坚持一阵，兴许下一次就有收获。妹妹不顾姐姐的挽留，毅然告别那家公司。

第二天，姐妹俩一同出门。妹妹按照招聘广告的指引到处找工作，姐姐依然提着样品四处寻找客户。那天晚上，两个人回到出租屋时却是两种心境：妹妹求职无功而返，姐姐却拿回来推销生涯的第一张订单。一家姐姐4次登门过的公司要招开一个大型会议，向她订购250套精美的工艺品作为与会代表的纪念品，总价值20多万元。姐姐因此拿到两万元的提成，淘到了打工的第一桶金。从此，姐姐的业绩不断攀升，订单一个接一个而来。

6年过去了，姐姐不仅拥有了汽车，还拥有100多平方米的住房和自己的礼品公司。而妹妹的工作却走马灯似的换着，连穿衣吃饭都要靠姐姐资助。

妹妹向姐姐请教成功真谛。姐姐说："其实，我成功的全部秘诀就在于我比你多了一次努力。"

只相差一次努力啊，原本天赋相当机遇相同的姐妹俩，自此走上了迥然不同的人生之路。不只是这位姐姐，多少业绩辉煌的知名人士，最初的成功也就源于"多了一次努力"。

一个人能否成功的关键，其实在于他追逐成功的欲望有多大。如果你抱着"一定要成功"的决心，你就会如同"破釜沉舟"里的将士们一样，排除万难，争取胜利；如果你只是抱着"希望成功"的想法，你可能会在挫折面前退却。

有两个大学生在斯坦福毕业了，他们叫惠尔特和普克德。他们下决心自己开创一番事业。说干就干，两人凑了500美元在加州租了一个车库，于是惠普公司成立了。创业初期，他们遇到了各种困难：研制出来的音响调节器卖不出去，各种产品无人问津。但他们没有气馁，依然研制改进新的产品，并四处推销，第二年总算赚了1500美元。他们付出了更多的艰辛和代价，承受着常人所不能承受的挫败。终于，惠普公司成了美国电子元件和检测一起的最大供应商。

很多时候，成功是这样来临的：你有激情，你坚信自己一定能成功，并且愿意为了这个目标付出常人难以付出的努力，承受常人难以承受的压力。曾有一个年轻人问大哲学家苏格拉底成功的秘诀是什么，苏格拉底带着年轻人来到河边，让年轻人陪他一起向河里走。当河水没到他们的脖子时，苏格拉底趁年轻人没注意，一下子把他按到水中。年轻人拼命挣扎，但苏格拉底很强壮，一直把小伙子按在水里，直到他奄奄一息时，苏格拉底才把他的头拉出水面。这个年轻人出水之后赶紧吸了几口气。苏格拉底问："在水里的时候，你最需要什么？"小伙子回答："空气。"苏格拉底说："这就是成功的秘诀。当你渴望成功的欲望就像你需要空气的愿望那样强烈的时候，你就会成功。"20几岁的年轻人，不妨问问自己：你对成功的欲望到底有多大？

张朝阳的个性在他长大的西安被称为"拧"，"拧"与他的成长经历有关。少年时，张朝阳出生于军队大院，他从不认真读书，却扛着鸟枪去附近的山中打鸟。西安临潼靠近秦岭，多山多鸟。与那个年代大多数人随政治大潮起伏不同，孤寂的少年生活形成了他性格中的坚持与不善言辞。

他总在坚持做一些事情，数十年如一日。坚持练瑜伽、坚持素食、坚持爬山、坚持独自野走、坚持上班不坐电梯。有一次野走，他遇到了黑熊，高压电棒才让他脱离危险。他的办公室在15楼，却每天坚持爬楼。他还坚持不开车，5公里的距离坚持溜达。他在博客中说：全球复制美国人人有车的生活方式，将是人类的灾难。

他还坚持认为自己很有节奏感，认为自己有唱歌和跳舞的天赋……

个性中的坚持后来影响了张朝阳的学业与事业。"文革"后，妈妈告诉他，学习很重要，他开始认真学习，没得第一就心里难受，清华毕业后考取李政道奖学金，去了麻省理工，他立志要获得诺贝尔物理学奖……。诺奖没有成为他的坚持，硅谷风云改变了他的决定，他觉得做一家思科、网景、雅虎这样的公司更酷。

搜狐10余年的发展历程中，经历了许多风风雨雨，没有张朝阳的坚持，搜狐不是今天的样子。2002年，互联网泡沫崩盘，所有人都在迷茫，靠投资推动的互联网公司开始想赚钱的事情了，却发现几乎无钱可赚。好容易出来个彩信模式，大家一窝蜂地抢进。股东们激动了，要张朝阳放弃门户，全力投入彩信。张朝阳对投资者说"no"，坚持门户才是搜狐的未来，股东们急了，要换CEO，张朝阳就不断地说服董事会，说服股东。内部斗争让外部有了可乘之机，北大青鸟乘虚而入。这对于股东来说，是个套现的好机会，张朝阳却坚持认为不能让北大青鸟控制搜狐。最终，张朝阳的"毒丸"成功抵制了青鸟。

外界认为，是股东的妥协拯救了搜狐，搜狐老兵们却认为，是张朝阳的坚持拯救了搜狐。张朝阳坚持认为，搜狐不是投资者的公司，也不是野蛮人的猎物，搜狐是搜狐创业者与搜狐员工的公司，搜狐要有自己的坚持。

游戏是张朝阳坚持的结果。搜狐2002年开始做网络游戏，第一款游戏是《骑士》。张朝阳以一贯的夸张方式吸引外界对搜狐游戏的注意，那一年的长城脚下，张朝阳穿上古装，手舞长剑，过了一回当骑士的瘾。他还请来了孙楠，为《骑士》唱主题歌。但《骑士》并不成功，外界开始质疑搜狐是网游界的外行，内部开始质疑搜狐游戏的前景。与此同时，搜狐的竞争对手新浪放弃了网络游戏。但张朝阳却认为，网络游戏应该坚持下去。

张朝阳最坚持的还是媒体。当年面临股东压力，面临赢利压力，张朝阳坚持媒体定位不退缩。就在外界质疑搜狐面对新浪还能撑多久的2006年，搜狐从传统媒体挖来了于威，负责搜狐内容。就在那一年，张朝阳提出了"首页15条"的观点，此后张朝阳每天必审"首页15条"，以搜狐的理解与方式，展示当天15条最重要的新闻。

北京奥运会期间，张朝阳亲自负责北京播报，做出镜记者，奥运火炬登珠峰的时候他带队组成特别报道队。在珠峰大本营，发回现场报道的媒体有三家，分别是央视、新华社、搜狐网。"汶川地震"时，张朝阳每天亲自盯重大事件……

外界经常忽视张朝阳的媒体布局，"看新闻，上新浪"，使搜狐的媒体定位显得尴尬。搜狐尴尬的还有：邮件用网易、即时聊天用QQ、搜索用百度。搜狐每个方面都有布局，但每个方面都不是最强。在即时聊天方面，搜狐避开与腾讯的正面竞争，推出了搜狐小纸条。面对强大的竞争对手，张朝阳做得很辛苦，外界也一直质疑搜狐的未来是什么：门户、网游、还是其他？

在张朝阳心中并没有面对强大的竞争对手的尴尬。互联网行业还是一个创新驱动的行业，要尽可能多播种，在下一轮创新周期中才能卡住位置；互联网行业还是一个快速发展的行业，今天的小树苗可以长成明天的参天大树。就像2004年的搜狐网游一样。张朝阳这样回答搜狐的未来：搜狐是一家靠创新驱动、不断寻找新的增长机会的公司，创新无限，潜力无限。

有了张朝阳这份坚持，搜狐当然有着不可替代的潜力和爆发力，也是这种精神，才有了不断进步的搜狐。我们面对未来的人生挑战，也需要同样的坚忍和韧性。

◎ 让世界因你而改变

年少无知的时候，我们常常豪情万丈地想改造这个世界。后来，我们才发现，我们改变不了这个世界，但是，却能够通过改变自己的心态来改变自己眼中的世界。

两千多年前，佛陀就说过："万法唯心造。"整个世界是我们自己所创造出来的。我想你一定有这样的经验：当你正在恋爱时，所看到的世界是多么美好，到处都是光明的，人生充满希望，你看到的每一个人都是如此可爱，身边人所做的许多原来你不能接受的事情你也都能够一笑置之。可是当你遇到挫败时，同样的人、同样的事、同样的物却变得如此无法忍受！其实世界仍是相同的，只是因为你内在感觉的不同，因此所看到的将是不同的世界。你就是快乐的根源：当你想让自己快乐的时候，无论你处在什么境遇，你都能让自己快乐起来；而当你放弃让自己快乐时，你的世界就会在瞬加变得黯淡无光。

有一位老鞋匠，40多年来一直在进入城镇必经的道路上修补鞋子。有一天，一位年轻人经过，正要进入这个城镇，看到老鞋匠正低着头修鞋，他问老鞋匠："老先生，请问你是不是住在这个城里？"老鞋匠缓缓抬起头，看了年轻人一眼，回答说："是的，我在这里已经住了40多年了。"年轻人又问："那么你对这个地方一定很了解。因为工作的关系，我要搬到这里。这是一个怎样的城镇？"老鞋匠看着这个年轻人，反问他："你从哪里来，你们那儿的民情风俗如何？"年轻人回答："我从某个地方来，我们那里的人哪，别提了！那些人都只会做表面文章，表面上好像对你很好，私底下却无所不用其极、勾心斗角，没有一个人会真正的对你好。在我们那里，你必须很小心才能活得很好，所以我才不想住在那里，想搬到你们这儿来。"老鞋匠默默地看着这个年轻人，然后回答他说："我们这里的人比你们那里的更坏！"这个年轻人哑然离开。

过了一阵，又有一个年轻人来到老鞋匠面前，也问他："老先生，请问你是不是住在这个城镇？"老鞋匠缓缓抬起头，望了这个年轻人一眼，回答他："是的，我在这里已经住了40多年了。"这个年轻人又问："请问这里的人都怎么样呢？"老鞋匠默默地望着他，反问："你从哪里来？你们那儿的民情风俗如何？"年轻人回答："我是从某个地方来，那里的人真的都很好，每个人都彼此关心，每个人都急公好义，不管你有什么困难，只要邻居、周围的人知道，都会很热心地来帮助你，我实在舍不得离开，可是因为工作的关系，不得不搬到这里。"老鞋匠注视着这个年轻人，绽开温暖的笑容，告诉他："你放心，我们这里每一个人都像你那个城镇的人一样，他们心里都充满了温暖，也都很热心地想要帮助别人。"

同样的一个城镇、同样的一群人，这位老鞋匠却对两位年轻人做了不同的形容和描述。聪明的你一定已经知道：第一位年轻人无论到世界的哪个地方，都可能碰到虚伪、冰冷的面孔；而第二位年轻人，无论到天涯海角，我想到处都会有温暖的手、温馨的笑容在等待他。

世界会不会因你而改变，在于你自己的心态。生活是面镜子，你对它笑，它就对你笑；你对它哭，它就对你哭。同样的环境里，有些人会觉得在自己生命里到处都碰到一些和自己对立或者利用自己的人；也有一些人无论到哪里都能结交到一些知心朋友；有一些人总觉得自己可怜；有些人总觉得自己不被人所爱；有些人总觉得自己的命苦。这一切都源于人对世界的看法不同罢了。从某种程度上说，你是一个小宇宙，而心态是这个小宇宙里至高无上的国王。

20几岁的年轻人，在未参加工作之前，总是抱着很美好的幻想，相信自己的才华能得到施展，相信自己的抱负能很快实现，相信世界公平到只要你付出就有回报，相信是金子就能发光……但是，现实往往不是这样的。它不会因为我们心存美好的幻想而变得如同幻想般美好，如果我们照着自己原来的思维去看待这个世界，那么，我们会逐渐地对这个世界失望。我们要做的，就是通过改变自己的心境来改变世界。

也许你一再坚持认为：我也不愿意让自己精神不快，这是不可控制的。那你不妨设想这样一种情况：你在一个房子里，你觉得心烦意乱，没有阳光，没有新鲜的空气，郁闷、窒息的感觉充斥了你的整个身心。而其时，外面阳光灿烂，鸟语花香。阻隔阳光和新鲜空气进入你的世界的，仅仅是一扇窗而已，而改变这一切的，仅仅只需要你动手打开这扇窗。但是，很遗憾，在现实生活中，有些人宁愿发疯，也不愿控制自己的情感，还有些人则干脆放弃努力，苟且偷生，因为在他们看来，别人施舍的怜悯要比自己乐观更有价值。

20几岁，我们常常被人称为"阳光男女生"。为什么身上充满阳光呢？难道我们的生活里没有忧伤没有挫折吗？其实，就在于心境的不一样。俗话说：境由心造。环境是可以通过心情而改变的。可能谁都不会喜欢交通阻塞，要是用别的方式来代替烦躁的等待和无谓的抱怨呢？比如吹吹口哨、哼哼歌或者用手机跟朋友交换几个好笑的短信；当感到厌烦时，用几句关键的话扭转整个谈话的主题；即使出现不愿意面对的问题，也尽量推迟30秒钟再发脾气……

所有一切都是自己创造的结果，快不快乐由你做主！

◎ 相信你自己

如同相信地球是圆的一样相信自己，是一种风格，是一种气势，是一种境界。当桑地亚哥接连 87 天一条鱼也没有捉到，终于有一条大鱼上钩，却被它牵着在大海里游荡多日，身心都被它摧残得几乎彻底破碎时，老人毅然地亮出了他自信的旗帜："一个人并不是生来要给打败的。你可以把他消灭掉，可就是打不败他。"海明威在小说《老人与海》中塑造的艺术形象，之所以能震撼人们的心灵，不正是因为老人自信的人格魅力吗？

自信不等于成功，但虽败犹荣的境界仍是相信自己的人创造的。历史上的"力拔山兮气盖势"的项羽，虽然终是败在刘邦的手下，但项羽面见秦始皇游猎，发誓要"必取而代之"的自信，几千年来始终不失英雄本色。自信是一种力量，由精神到物质，由物质到精神，而赋予生命以崭新的意义。相信自己，当别人不相信你的时候，你要相信自己，因为只有自己欺骗不了自己。只要你的生命里充满了诚意，何必在意，就像昙花开放的时候，虽不被人注意，但那一刻它也绽放了美丽；就像蜡烛，燃尽自己，虽然不被人惋惜，但那一刻它也照亮了大地。

也许自信者会被有的人看成狂人，我们也不能否认自信在有的人那里会成为一种偏执。听不得不同意见，"老子天下第一"，这种固执一端、死守一隅、故步自封的状态不是自信，如同战争狂人希特勒，那是目空世界的愚蠢的狂妄和自大。自信者应该是矜持而不偏执，有个人主见，不与世沉浮、随人俯仰，善于沟通，善于借助外力。我们必须清楚，自信不是自负，自信不是自大，自信不是自恋，自信不是飞蛾扑火般的轻率，也不是蚍蜉撼树般的狂妄，更不是螳臂挡车般的不自量力。自信是对自己人格的尊重，是对自己的冷静审视，是对环境的理智判断。

当我们身陷困境、遭受挫折、遇到不幸时，更需要自信。相信自己，给自己生活的勇气，人生的路虽然坎坷，但只要执著便能走过；相信自己，给自己生活的希冀，人生的河流虽然湍急，但只要勇敢便能蹚过；相信自己，脚下的路会越走越宽；相信自己，心灵会越来越舒畅；相信自己，前方一定是一个洒满阳光的金色世纪；相信自己，一定会找到逆境后属于自己的生命绿意。

自信，犹如一面旗帜，赫然凌驾于地位、尊卑、家资贫富、能力大小、条件优劣等尘俗观念之上，在人类精神和灵魂的制高点上飘扬。相信自己不比别人差，如同简·爱面对罗彻斯特时表现出来的自爱自尊："你以为我丑，不好看，就没有自尊吗？我们在精神上是平等的。正像你和我最终将通过坟墓站在上帝的面前。"

1960年，哈佛大学教授罗森塔尔博士在美国加州一所学校进行了一项试验。他声称，他制造出一种仪器，能够找出最优秀的人，并能发现那些将来会出人头地的人。他先从教师中选出几个人，然后又从全校的班级中选出几个班的学生作为实验对象。他对选出的老师说："我从全校的老师中选出你们几位，因为你们是最优秀的老师。这几个班级的学生也是最聪明最有可能有所成就的学生，他们将由你们来教。我相信，最优秀的老师和最聪明的学生的组合，将会产生非凡的教学结果，我的仪器不会出错。"

一年过去了，当罗森塔尔博士再次来到这所学校时，他发现那些老师个个表现优异，而他们所教的班级也成为整个学校的明星班级。罗森塔尔再次召集这些老师开会，他对老师们透露说："实际上，我并没有那样一种预测未来的仪器。那些学生都是最普通的学生，我只是随机抽取了几个班级。"

老师们对此一阵诧异。罗森塔尔博士接着说："实际上，各位老师也并不是我挑选的最优秀的老师，而是我随手抽调出来的。你们是些普通的老师，教的是普通的学生，但是你们取得了这样的好成绩。各位老师一定知道原因在哪里。"

一位老师说："是的，博士。我知道，当我们被告知是最优秀的老师的时候，我们就努力做最优秀的。我们的学生是聪明的、与众不同的。他们犯错误时，我们也一样有耐心帮助他们，因为他们是聪明人，他们只是无意中出了错。我们从来不打击批评学生，我们鼓励他们做到最好。我们都认为自己是不普通的，于是我们就不再普通。"

罗森塔尔听完，会心地笑了。

人人都可以不普通的。如果你在心里认为自己是最优秀的人，你就会按照最优秀的人的标准来要求自己。如果你相信自己能够成功，你就一定能成功。只有先在心里肯定自己，你才能在行动上充分地展现自己。

◎ 把握机遇，改变人生

5 年前的一个春天，一个中国农民到韩国旅游，受朋友之托，在韩国一家超市买了 4 大袋 30 斤左右的泡菜。回旅馆的路上，身材魁梧的他，渐渐感到手中的塑料袋越来越重，勒得手生疼。他想把袋子扛在肩上，又怕弄脏新买的西装。正当他左右为难之际，忽然看到了街道两边茂盛的绿化树，顿时计上心来。

他放下袋子，在路边的绿化树上折了一根树枝，准备当做提手来拎沉重的泡菜袋子。不料，正当他暗自高兴时，被迎面走来的韩国警察逮了个正着。他因损坏树木、破坏环境，被韩国警察毫不客气地罚了 50 美元。

50 美元相当于 400 多元人民币啊，这在国内，能买大半车的泡菜啊！他心疼得直跺脚。几欲争辩，无奈交流困难，只能认罚作罢。

他交完罚款，肚子里憋了不少气，除了舍不得那 50 美元，更觉得丢脸。越想越窝囊，他干脆放下袋子，坐在了路边。

他看着眼前来来往往的人流，发现路人中也有不少人和他一样，气喘吁吁地拎着大大小小的袋子，手掌被勒得甚至发紫了，有的人坚持不住，还停下来揉手或搓手。他们吃力的样子竟让他觉得有点好笑。

为什么不想办法搞个既方便又不勒手的提手来拎东西呢？对啊，发明个方便提手，专门卖给韩国人，一定有销路！想到这，他的精神为之一振，暗下决心，将来一定要找机会挽回这 50 美元罚款的面子。

回国之后，他不断想起在韩国被罚 50 美金的事情和那些提着沉重袋子的路人，发明一种方便提手的念头越来越强烈。于是，他干脆放下手头的活计，一头扎进了方便提手的研制中。根据人的手形，他反复设计了好几种款式的提手；为了试验它们的抗拉力，又分别采用了铁质、木质、塑料等几种材料。然而，总是达不到预期的效果，他几乎丧失信心了。但一想到在韩国那令人汗颜的 50 美元罚款，他又充满了斗志。

几经周折，产品做出来了，他请左邻右舍试用，这不起眼的小东西竟一下子得到邻居们的青睐。有了它，买米买菜多提几个袋子，也不觉得勒手了。后来，他又把提手拿到当地的集市上推销，但看的人多，买的人少。

这怎么成呢？他急得直挠头。这时候妻子提醒他，把提手免费赠给那些拎着重物的人使用。别说，这招还真奏效，所谓眼见为实，小提手的优点一下子就体现出来了。一时间，大街小巷到处有人打听提手的出处。

小提手出名了，增加了他将这种产品推向市场的信心。但是，他没有忘记自己发明的最终目标市场是韩国。他很快申请了发明专利。接着，为了能让方便提手顺利打进韩国市场，他决定先了解韩国消费者对日常用品的消费心理。

经过反复的调查了解，他发现，韩国人对色彩及形式十分挑剔，处处讲究包装，只要包装精美、做工精良，价格是其次的。于是他决定投其所好，针对提手的颜色进行多样改造，增强视觉效果，又不惜重金聘请了专业包装设计师，对提手按国际化标准进行细致的包装。对于他如此大规模的投资，有不少人投以怀疑的眼光，不相信这个小玩意儿能搞出什么大名堂。可他坚信一个最通俗的道理"舍不得孩子，套不着狼"。

功夫不负有心人，经过前期大量市场调研和商业运作，一周后，他接到了韩国一家大型超市的订单，以每只 0.25 美元的价格，一次性订购了120 万只方便提手！那一刻他欣喜若狂。

这个靠简单的方便提手吸引韩国消费者的人叫韩振远，凭一个不起眼的灵感，一下子从一个普通农民变成了百万富翁。而这个变化，他用了不到一年的时间，而且仅仅是个开始。

有人问他是如何成功的，他说是用 50 美元买一根树枝换来的。

一根树枝，不仅搅动了他的财富，而且改变了他的人生。

机遇就像一根树枝，你在它身上开动脑筋，它就帮你改变人生。

人生中，抓住机遇并且成功的人不算很多，但终生没有遇到机遇的人又的确很少。现实中，许多继续落魄的人，都会讲到自己当年如何如何地放弃了绝好的机会，要不然的话，自己会怎样怎样的。机遇常在，而识别机遇和把握机遇的智慧却不常有。

所以，不成功的人永远比成功的人要多得多。机遇对主动者就是成功的火种，对被动者可能就是灾难。天上掉下来的馅饼，也可能砸昏碌碌无为的路人。

打工皇帝唐骏有一个"成功 4+1"公式——即"智慧、机遇、勤奋、激情"和"性格"，因为"环境是不易被改变的，你只有去改变你自己"。

曾经有一个学生问唐骏"你怎么看待你的学业"，唐骏说了这样一番话："有两个学生，其中一个学生用两个月的时间看完了所有书，最后考试得了 70 分；另一个学生用了一个学期，而且是夜以继日，最后得了 90 分。比较而言，我更喜欢那个只用两个月得了 70 分的学生。""微软是一个学习型创新型公司，计算机领域的技术更新非常迅速。要在最短的时间，用最高的效率拿下所要学的东西，这样节约出来的时间可以用来学习其他东西。"

"机会是不平等的，它给予勤奋的人、勇于争取的人、超前地多跨了一步的人。"唐骏这么说，也是这么做的。从唐骏的第一桶金，到自己创业开公司，从进入微软到成为总裁，从盛大网络到以后更大的辉煌，唐骏的每一个人生进步，都是自己努力把握机遇的结果。

我们在唐骏身上，能够看到一种强大的能力，这种能力就是把握机遇的能力。仔细想想，人生短暂，机遇并不是随处可得，往往能改变人一生的机遇寥寥无几，如果在机遇面前还不能把握的话，那么，你就难以走向成功。事实也是如此，很多人在面对机遇的时候，总是犹豫不前，结果机遇一晃而过，与成功失之交臂。而唐骏则不一样，他不会等待机遇的降临，而是主动出击赢取机会，然后抓住它、把握它，让它成为自己通向成功的阶梯。

在刚进入微软的时候，唐骏被分到了项目开发组，负责部分程序的编写与研发。由于来微软时间并不长，唐骏只是被分配负责一个软件的部分编写工作。如果只是每天按照规定的进度完成工作，唐骏的一生将和数百位程序员没有太大区别。但是爱思考的唐骏在想，能不能通过改变结构、重新编写程序的方式，实现程序的各种功能，同时又能简化大量的编写工作，对于用户来说，也能大大提高软件的运行速度，提高效率。

于是有一天，唐骏把这个想法和自己的上司做了一次充分的沟通。起初上司对他的想法并不重视，因为程序的结构已经比较成熟，只需要所有程序员一起完成即可。唐骏再三向上司解释到，如果改变框架，有可能会让编写变得更轻松，并能够节省大量的研发时间和成本，同时软件的稳定性会更强，操作效率会更高。终于，上司被他说动了，决定给他一段时间，让他按照自己的想法进行设计。

唐骏觉得这是个施展才华的好机会，他夜以继日地攻克难关，每天他最早来，最晚走，很多时候回到家还要继续奋战到深夜。在最忙的时候，他甚至忘记了吃饭，直到发现肚子饿得不行了才去买个汉堡对付一下。

终于，短短一个星期过后，唐骏拿出了一份清晰的程序结构，比原来的设想节省了一半多的研发时间，人力成本也能大大缩减到原来的一半以下。上司看完之后，对他竖起了大拇指，并安排他成立项目小组，按照他的思路重新设计和编写软件。

唐骏一下子从一个最普通的程序员，变成了项目组的组长，虽然薪水并没有提高多少，但是他在上司的心目中树立了非常完美的印象，同时也为自己将来做管理奠定了很好的基础，这就是唐骏把握机遇的能力。

　　真是这样，工作中充满机会，但是机会不是说来就来的，很多时候，是需要我们自己去争取的。唐骏的经历给我们这样一个启迪：开动脑筋发现工作中的问题，解决工作中的困难，就能赢得信赖、赢得机遇。

第四章
思想的进步是最伟大的进步

　　20 岁时，我以为我是一个拥有青春便拥有了一切的人，甚至曾为此沾沾自喜。现在回头看看，那实在是一种太过狂妄的想法。如果重新定义，我觉得 20 岁应该是一个除了青春之外一无所有的年纪。这两者截然相反。如果当初意识到这一点，便不会像今天这般碌碌无为了。

　　20 岁时，往往容易把青春当做资本来挥霍，等到 30 岁才幡然醒悟，原来那时的行为只不过是把青春当作筹码押于时间做赌注。当输掉青春的时候，时间也悄悄溜走了。

◎ 为理想插上翅膀

从上幼儿园起，老师和家长就教导我们要有理想。这么多年过去了，心目中的理想也换了一个又一个。现在想想那些或远或近的理想，却原本只不过是孩童时代的一厢情愿而已。曾经，没有一个人不觉得自己的理想是伟大的，可无论多么伟大的理想，都必然与自己的生活息息相关。如果真的要给理想下一个定义，我想张闻天的那句话，最具说服力，也最贴近现实——生活的理想，就是为了理想的生活。

生活本身其实是没有任何意义的，只是我们赋予了它特殊的意义，生活才变得有意义起来。这其中最重要的一点，就是人们为自己树立了理想。而且可以肯定的是，无论你现在是优秀的，还是普通的，你的理想一定都是不平凡的，就像小草要发芽，必先播种下一颗伟大的种子一样。显然，一个不曾有过理想的人，是永远也不会成就什么事情的。正如哲人所说的：如果一个人不知道他要驶向哪个码头，那么任何风都不会是顺风。

亚洲首富孙正义，软银集团的创始人、总裁及首席执行官，《福布斯》杂志曾称他为"日本最热门企业家"。他的财富曾经在公司股票上市时，有两天时间超过世界首富比尔·盖茨。而在他刚刚创业的时候，办公室在一栋木质建筑物的二楼，只有两张借来的办公桌。除了孙正义之外，只有两名员工。在公司正式成立那天，孙正义带着一个苹果箱子进了办公室！他站在苹果箱上，面对两名员工激情演说，讲他人生50年的大计划，并指出未来公司的营业额将高达1兆日元！两位员工听完，认为老板发疯了，立刻辞职不干了。当时孙正义20岁。22年过去了，孙正义成了亚洲首富，资产超过3兆日元。

　　对此，孙正义说道："最初所拥有的只是梦想以及毫无根据的自信！但是所有的一切就从这里出发，如今都一一变成了现实！"孙正义更决心感言："当信息化社会进入第四阶段，我希望软银能够名列世界前十大企业，我的志向是成为第一。在我心目中只有第一，没有第二！"

　　一个人一生的成功，要归结为很多因素，诸如能力、环境、机遇等等。但无论如何，如果你都不曾梦想过要成功，那么成功是不会主动找上门来的。不想当将军的士兵，不是好士兵。如果当初孙正义没有那么远大的理想，就不会有为之努力奋斗的具体目标，也不可能成就后天的事业。

　　平常我们都爱说一句话："良好的开端就是成功的一半。"这个开端，也可以说成就是最初的那个想法。当然，如果空有理想，而不为之努力，理想永远也成不了现实。理想的阶梯，属于刻苦勤奋的人。

　　马克思为实现解放全人类的崇高理想奋斗一生。他积极投身于火热的工人运动，研读无数种著作，学会了欧洲好几个国家的语言。他不断在图书馆钻研，数十年如一日，座位下的地面竟然磨掉一层。

　　化学家诺贝尔为减轻工地上挖土工人的繁重劳动，决心发明炸药。他废寝忘食，4年里做了几百次试验。最后一次试验时，他聚精会神地盯着燃延的导火线。一声巨响，在旁的人们惊叫："诺贝尔完了！"诺贝尔却从浓烟中跳出来，面孔乌黑身上还带着血，兴奋地狂呼："成功了！"

　　名人的故事或许离我们有些遥远。但是他们身上为崇高理想而奋斗的忘我精神，却是永远也不过时的。如果一个人到了30岁还没有自己的理想，或者还不曾为理想而努力奋斗过，那么他这一生要再成就什么伟大的事业，希望就很渺茫了。虽古有大器晚成者，但毕竟都是在失败中摸爬滚打后走出来的。

　　把那些自甘过平淡生活的人刨去不说，每每回忆起当年风华正茂时，我们每个人都曾有过不平凡的理想，也曾经为10年后的今天确立过目标。可现在已近而立之年，再看看当年的同伴，成就最初梦想的人，其实没有几个。这完全不是缘于我们曾经所树立的理想不够合适，而是为之所付出的努力不够，期间要么动摇，要么懈怠。尽管可以为自己找出种种理由开脱，却总是愧对青春的时光。这个 10 年过去就是过去了，等到下一个 10 年，则又要沿着人生的轨迹走下去。时间不会倒流，你就永远也不可能走回头路。那 10 年你不够努力，这一生也是无法弥补的。

富兰克林有句名言："你热爱生命吗？那么别浪费时间，因为时间是组成生命的材料。"许多科学家、文学家都是同时间赛跑的能手。

爱迪生一生有 1000 多项发明。这无数次试验的时间从哪里来？就是从常常连续工作两三天的极度紧张中挤出来的；

鲁迅以"时间就是生命"的格言律己，从事无产阶级文学艺术事业 30 年，视时间如生命，笔耕不辍；

巴尔扎克用如痴如狂的拼劲，每天奋笔疾书十六七个小时，即使累得手臂疼痛，双眼流泪，也不肯浪费一刻时间。他一生留下为人民深深喜爱的巨著《人间喜剧》，共 94 部小说。

这些血汗的结晶完全可以理解为是时间与生命的记录。先人的精神值得学习，但作为现代人，我们更提倡工作的效率。20 岁的你，心目中理想的生活绝不可能是把全部的时间用来工作和奉献。那么就要为实现理想插上双翅，这双翅膀一边是先人珍惜时间的理念，另一边则是成就目标的动力，即学习。当然我所指的学习，不完全是学校教科书上所列出的内容，学习的范围是庞大的，包括社会生活中对你有利的一切。

有了这一双成就理想的翅膀，如果你能坚持不懈，并且承认青春本身就是一种享受，甘愿为此付出努力，那么成就理想就不会是空谈，它迟早有一天会变成现实。或许 10 年，或许 20 年，在慨叹岁月蹉跎中享受成功的喜悦。

◎ 寻找快乐学习的密码

　　毋庸置疑，学习是一件很辛苦的事情，而且付出与回报往往不成正比。所谓的一分耕耘，一分收获，是针对那些学习得法的人。在学校里，经常会听到有同学聊天，说某某考试成绩特别好，但平时却从未见其熬夜苦读；而某某同学花费了大量时间来学习，却成绩平平。这在校园里是很常见的现象。

　　一个人做成一件事顺利与否，往往与他的心情有很大关系。当你的心态很积极时，就会感觉事事顺利；当意志消沉时，很小的挫折也会被理解成一种庞大的障碍，有时甚至很难逾越。学习便是如此，如果把它当作一种精神上的负担，不论你付出多少努力，或许会有一些好的成绩，不能否定勤奋的作用，但永远也不会达到一定的高度。也就是说，那种沉重的精神负担会压制你的身心，使你无法达到顶端。

　　从心理学的角度讲，知道学习只是学习的最低级水平；爱学习是第二级；以学习为快乐、沉醉于其中则达到了学习的最高水平。一个人要想成就一番事业，就必须要有乐学的精神。古今中外有多少学者，宁愿在清贫中度过一生。要不是在事业和学习中寻找到了乐趣，是很难安贫乐道的。古人都能在那么艰苦的条件下，能够凿壁偷光，借助萤火虫的光亮来读书。而我们今天有这么好的物质条件，如果不能好好利用，实在是很可惜的。

　　或许从小到大，你都不是那个学习成绩最好的学生，你也一直把这种结果当作是天赋使然，觉得自己没有别人聪明。也正是由于这种错误的意识，才会让自己一直松懈下来。大多数人都能达到学习的第二级水平，就是爱学习。要想使学习达到最佳的效果，必须是那些以学习为快乐的人，这需要一定的学习策略和方法。

爱因斯坦说，兴趣和爱好是最好的老师。它是促进学习的动力，可以让人变得积极起来。相反，如果没有兴趣，学习就会变成一种负担，使人变得懒惰。所以说，如果想让自己变得充实起来，最好先从自己有兴趣的学科入手，先把学习的胃口调动起来，再来吃大餐，这样所取得的成效会更明显。当然这并不是劝你放弃其他没兴趣的学科，现代社会，知识结构体系的完善是很重要的。很多学科之间也有很强的相关性，如果你有一门学科知识是强项，就可以用强项来带动弱项的学习。这是仅限于相关学科之间的说法，比如数学和语文就会相距太远，彼此要想有所带动，是很困难的。因此现代高校的文理分科，有很强的科学性。你选择了文科，则理科成绩不必太过苛求；反之亦然。但是千万不要以为你用不到的学科就是没有用的，这是大错特错。人一生当中所经历的职业生涯瞬息万变，也许在某个时刻，被你曾经放弃的知识就会阻碍你前进的道路。

人类天生的智力都是接近的，后天所取得的成绩完全在于你选择了怎样去努力。而具备一些良好的学习习惯，则会帮助你更快取得进步。

比如在选择学习地点时，图书馆是最好的去处，那里不仅可以随时查阅资料，最关键的，那里的学习氛围可以调动起潜在的积极性。人往往容易受环境影响，如果大家都在学习，你就很难开小差。

选择最有效的学习时间，可以大大提高学习效率。每个人都有自己的"生物节奏类型"。有的人上午学习有效，有的人下午学习有效，有的人则晚上学习有效，当然也有全天学习效率差不多的人。拨准你的生物钟，该学习时学习，该休息时休息，让学习进入到一个良性循环的状态。

制定相应的学习目标，可以让自己尽快提升到一定的高度。但学习的目标应该是现实的、具有挑战性的。我们周围会有一些人，他们为自己制定的目标非常具体，可往往到最后却哪一个目标都没有实现。其原因就是目标太多而"杂乱无章"了，没有给自己合理规划的时间。学习的目标可以有短期的、中期的、长期的。根据自己的实际情况，制定切实可行的目标，才会一步一步走向学习的巅峰状态。

现代社会是一个信息快速发展与更新的时代。掌握更多的知识固然重要，但最重要的还是掌握学习的方法。俗话说，爱学习不如会学习。古人那种"头悬梁，锥刺股"的精神在今天已经不适用了，况且那样学习起来，也实在不会让人感到快乐。人的一生是奋斗的一生，但在奋斗中不应完全忽视"享受"生活的重要，这种享受并非物质上的享受，而是来自精神上的满足感。学习当然不会如游戏、旅行等那般让人直接感受到快乐。学习的快乐是来自于精神上的快乐，它是历经若干量的积累后而产生的质的飞跃。大脑里储藏着丰富的知识会让人感到充实，当一个人内心感到充实时，自然也会快乐起来。

如今，"两耳不闻窗外事，一心只读圣贤书"的时代已经成为历史了，20 岁的你，也需要有更多的时间去了解和认识这个世界。会读书，不是读死书。"社会"这部书，同样需要用心去读。有如此繁重的任务，当然就要找到最佳完成任务的方法。把学习变成一件快乐的事，无疑是解决此问题的最有效途径。找到了它，无论你的身体还是心灵，就都能够在生活中游刃有余了。

◎ 成功其实并不遥远

我在学生时代曾经对自己有一个非常错误的认识，就是认为自己永远也不可能成功。即便那时的学习成绩不错，但仍然认为自己是一个极其普通的人，离成功的距离太过遥远。现在看来，或许就是曾经那种根深蒂固的想法导致了现在的样子。一个并不渴望成功的人，当然就不会成功。

成功并不像你想象的那么难。有时候事情本身并不难，而是因为我们不敢做事情才变难的。

1965 年，一位韩国学生到剑桥大学主修心理学。在喝下午茶的时候，他常到学校的咖啡厅或茶座听一些成功人士聊天。这些成功人士包括诺贝尔奖获得者、某一些领域的学术权威和一些创造了经济神话的人，这些人幽默风趣，举重若轻，把自己的成功都看得非常自然和顺理成章。时间长了，他发现，在国内时，他被一些成功人士欺骗了。那些人为了让正在创业的人知难而退，普遍把自己的创业艰辛夸大了，也就是说，他们在用自己的成功经历吓唬那些还没有取得成功的人。

作为心理系的学生，他认为很有必要对韩国成功人士的心态加以研究。1970 年，他把《成功并不像你想象的那么难》作为毕业论文，提交给现代经济心理学的创始人威尔·布雷登教授。布雷登教授读后，大为惊喜，他认为这是个新发现，这种现象虽然在东方甚至在世界各地普遍存在，但此前还没有一个人大胆地提出来并加以研究。惊喜之余，他写信给他的剑桥校友——当时正坐在韩国政坛第一把交椅上的人——朴正熙。他在信中说："我不敢说这部著作对你有多大的帮助，但我敢肯定它比你的任何一个政令都能产生震动。"

后来这本书果然伴随着韩国的经济起飞了。这本书鼓舞了许多人，因为它从一个新的角度告诉人们，成功与"头悬梁，锥刺股""劳其筋骨，饿其体肤""三更灯火五更鸡"没有必然的联系。只要你对某一事业感兴趣，长久地坚持下去就会成功，因为上帝赋予你的时间和智慧足够你圆满做完一件事情。后来，这位青年也获得了成功，他成了韩国泛业汽车公司的总裁。

生活中的许多事情，不是你做不到，而是你不想做到。这个世界上没有克服不了的困难，在困难面前，只是需要一种蔑视它的心理，并顺其自然尽自己所能地去克服它，用不着什么钢铁般的意志，也不需要太多的技巧或谋略。只要一个人依然对生活充满了热情，他终究会发现，造物主对世事的安排，都是水到渠成的。

那些没能克服困难的人，不是能力不够强，而是太早向困难屈服。他们害怕失败的想法最终压制了渴望成功的动力。世界上没有永远失败的人，只有懦弱和不愿努力的人。

有个年轻人去微软公司应聘，而该公司并没有刊登过招聘广告。见总经理疑惑不解，年轻人用不太娴熟的英语解释说自己是碰巧路过这里，就贸然进来了。总经理感觉很新鲜，破例让他一试。面试的结果出人意料，年轻人表现糟糕。他对总经理的解释是事先没有准备，总经理以为他不过是找个托词下台阶，就随口应道："等你准备好了再来试吧。"

一周后，年轻人再次走进微软公司的大门，这次他依然没有成功。但比起第一次，他的表现要好得多。而总经理给他的回答仍然同上次一样："等你准备好了再来试。"就这样，这个青年先后5次踏进微软公司的大门，最终被公司录用，成为公司的重点培养对象。

人生的旅途不会永远一帆风顺，也许我们追求的风景总是山重水复，不见柳暗花明；也许前进的道路上荆棘丛生、沼泽遍布；也许我们是那匹蓄势等待出发的千里马，却找不到伯乐；也许我们的理想会在世俗的打击下慢慢被消磨殆尽……但唯一不能改变的，就是我们要相信自己一定能成功的信念。无论前方遇到多大的障碍，都要不断地告诫自己：再试一次一定会成功！

不会从失败中找出经验教训的人，距离成功是很遥远的。如果那个青年每次去面试后不总结失败的经验教训，不再努力提高自己，不再坚持去大面试，相信他最终是不会成功的。如果说在取得成功的道路上有捷径可走的话，那么这个捷径便是坚持不懈加上不断充实自己。有的人距离成功甚至只有一步之遥，却没能坚持到最后。水滴石穿的精神是战胜困难的最有效法宝，只要坚持不懈，最终都会走向成功。

美国第16任总统林肯，他在21岁时，做生意失败；22岁时，角逐州议员落选；24岁时，做生意再度失败；26岁时，爱侣去世；27岁时，一度精神崩溃；34岁时，角逐联邦众议员落选；36岁时，角逐联邦众议员再度落选；45岁时，角逐联邦参议员落选；47岁时，提名副总统落选；49岁时，角逐联邦参议员再度落选；52岁时，当选美国第16任总统。

正是由于一种坚定自己会成功的信念和屡败屡战的精神，林肯因此最终成就不凡。没有哪个人是命中注定会成功的，但是能不能成功是由你自己决定的。只要敢想、敢做、敢当，距离成功就不会太遥远。正如只有敢于争取幸福的人最终才会得到幸福一样，也只有努力去追求成功的人，最终才会成功。

◎ 情商比智商更重要

一直以来，我们都把智商作为评判一个人综合潜能的重要指标，但是这种评价标准显然已经越来越显示出了它的局限性。近年来，心理学界提出了一个观点：对于一个人的成功来说，智商的影响只占20%，而情商的因素却占80%。在比例如此悬殊的情况下，很多现代的年轻人却往往忽略了情商对自己未来的影响。

如果一个人能够对自己的情绪掌控得很好，能够及时摆脱忧郁、焦虑、沮丧，能够不怕挫折，勇于面对困难，不断激励自己取得成功……显然，这个人的情商是很高的。在现实生活中，智商高的人情商不一定高，他有可能学习成绩特别好，但人际交往能力、工作能力不一定很强。而那些智商一般情商却很高的人，对待生活总是充满热情，工作努力，人际关系好，有奋发向上的精神，这样就很容易取得成功。

富兰克林·罗斯福是美国历史上任期最长、最受敬仰的总统。1921年8月，罗斯福带全家在坎波贝洛岛休假，在扑灭了一场林火后，他跳进了冰冷的海水，因此患上了脊髓灰质炎症。高烧、疼痛、麻木以及终生残疾的前景，并没有使罗斯福放弃理想和信念，他一直坚持不懈地锻炼，企图恢复行走和站立能力。被他用以疗病的佐治亚温泉被众人称之为"笑声震天的地方"。虽然最终大半生在轮椅上度过，但他以惊人的毅力和乐观的精神，不仅战胜了自己，而且在20世纪的经济大萧条和第二次世界大战中扮演了重要的角色。他被学者评为是美国最伟大的3位总统之一，也被人们誉为是拥有"二流智商和一流情商"的典范。

智商是先天的，情商可以通过后天的努力来培养。有心理学家指出：

情商与人的生活各方面息息相关，是影响人一生快乐、成功的关键。显然这种说法在富兰克林·罗斯福的身上得到了很好的体现。与智商相比，情商在成功的人生当中起着更重要的作用。即便是在身边的很多小事中，情商也同样能够发挥巨大的作用。

读大学时，学校要求英语一定要通过国家四级考试，否则毕业时是不发学位证书的。其后果可以想象，4年的大学几乎相当于白读了。很多学生英语成绩较差，为此，大部分的同学都付出了大量的精力和时间。其中一位同学的漫漫英语四级路给我留下了非常深刻的印象。自从大一开始报考英语四级，经过两年的努力后，已经有很多同学通过了。到了大三，没有通过的同学更是廖廖无几。可以肯定的是，大家都在努力，而同样努力的人中却有个别人一直没能得到应有的回报。这个别人中就包括那位同学。这时候，我们开始嘲笑他们太笨、智商太低。久而久之，有些同学的决心便开始动摇。到了大四，同学们开始忙于找工作，原本很努力但一直没有通过的其他同学不堪重负，相继放弃了。可我的那位同学却一直在坚持，我们每天依然看见他奔波于图书馆、招聘会之间，而且从不理会同学的嘲笑。终于，功夫不负苦心人，在大学期间的最后一次英语四级考试中，那位同学以很高的成绩通过了考试，当然也就顺利拿到了学位证书。

现在回想起来，那位同学原本是一个智商和情商都极其普通的人。在与其他人付出同样努力的情况下，如果说大多数人的智力水平都是相当的，那么显然他的情商在当时甚至比其他同学还要低，因为他的考试成绩总是相较于考前的模拟训练要低很多，如果能在考场里泰然自若并且发挥正常，他应该早就通过英语四级考试了。显然，他充分利用了性格中坚韧不拔的精神，这种坚持所产生的力量是巨大的。通过4年英语考级的磨练，我相信他收获到的不仅仅是一张证书。他通过自己后天的努力，情商得到了很大的提高，包括面对挫折时的心态，包括在人生道路上面临多重选择时依然初衷不改的信念，包括在人际关系的处理上。一个能够在别人嘲笑的目光中依然坚持走下去的人，最终怎能不受到别人的尊重？他毕业后的工作表现，也再一次证实了这一事实。因为原本学习成绩平平、能力平平的人，却在工作中表现得非常出色，这并非是偶然的运气所致，而是凭借完善的人格所达到的对智商的突破。

　　毫无疑问，情商在一个人成功的道路上起着举足轻重的作用。这并非是否定智商的作用。如果要敲开成功的大门，两者缺一不可。具备较高的智商，是成功的前提和基础，但是光有高智商是不够的，因为在机遇面前，情商可以帮助你做出理性的思考和判断，并从全方位、多角度地帮助你抓住成功的机会。相反，没有较高的智商，也不必气馁，可以通过磨练提高情商，进而弥补智商的不足。以上那位同学就是一个典型的例子。一个能够深刻体察到自己的情绪，并能有效控制情绪，不断激励自己、努力朝着目标奋进，能够理解他人，富有同情心并建立和谐融洽人际关系，始终以积极、阳光、乐观的心态面对生活的人，生活迟早会以同样的美好来回报于他。

◎ 忘我是一种崇高的境界

在没有体验过"忘我"的感觉之前，我从来没有意识到，原来它可以让一件事情变得超乎寻常的顺利。无论工作还是学习，如果能够进入忘我的状态，心无旁骛，只专注于眼前的事情，就很容易取得事半功倍的效果。甚至可以说，"忘我"是一条通向成功的捷径。

1858 年，瑞典一富豪人家生下了一个女儿。然而不久，孩子患了一种无法解释的瘫痪症，丧失了走路的能力。

一次，女孩和家人一起乘船旅行。船长的太太给孩子讲船长有一只天堂鸟，她被这只鸟的描述迷住了，极想亲自看一看。于是保姆把孩子留在甲板上，自己去找船长。孩子耐不住性子等待，她要求船上的服务生立即带她去看天堂鸟。那服务生并不知道她的腿不能走路，而只顾带着她一道去看那只美丽的小鸟。奇迹发生了，孩子因为过度地渴望，竟忘我地拉住服务生的手，慢慢地走了起来。从此，孩子的病痊愈了。女孩长大后，又忘我地投入到文学创作中，最后成为第一位荣获诺贝尔文学奖的女性，她就是茜尔玛·拉格萝芙。

人在生活中往往容易被自身的存在或周围的环境所左右，要么对身体上的痛苦太过注重，要么很容易被世俗所困扰或蒙蔽。一旦进入某种特定的环境，有让人极度渴望得到的东西，如果它的吸引力可以超过人对自身生命的关注并且忽视周围环境的存在，便可能进入一种忘我的状态。只有在这种环境中，人才会超越自身的束缚，释放出最大的能量。拉格萝芙如果当初不是对那只美丽天堂鸟的极度渴望，原本已经瘫痪的她也很难再度开始行走。而她也把自身潜在的这种忘我的精神投入到了自己的工作中，最终获得了诺贝尔文学奖。

人的潜力是无限的，要想最大限度地发挥出自身的潜力，就需要不断地尝试，努力使自己的思想达到某种原来不曾达到的高度。

毛泽东在湖南第一师范读书时，当时的教学条件非常差。可他抛开外界因素，坚持学习。他特意到最喧闹的地方去读书，为的是锻炼自己的意志，使自己在学习时心绪不受外界干扰，在任何时间和场所都可以很好地学习。

陈毅曾经因为专心看书把点心蘸进了墨水，还以为蘸进酱里，吃了一嘴墨水，被发现后还说："我肚里的墨水还不够多呢。"

牛顿不想被女仆打扰，让她把鸡蛋留在房里，然后自己煮。过一会儿女仆再进去时，发现牛顿手里还拿着鸡蛋，怀表却在锅里煮着……

一个人能否达到忘我的境界，和他所面对的事物有很大关系，如果那是一件让他感兴趣的工作，要达到忘我的状态就相对容易。但人的一生，会经历许多预料不到的事情，甚至在你以后的职业生涯中，你所从事的工作也未必能完全符合自己的兴趣爱好。能否把它做好就全凭自己的意志力。只有高度的专注，才能在某一领域有所突破，心不在焉地做事是永远不会取得成功的。

走在街边或乘坐公交车时，经常会遇到20几岁的青年耳朵里插着耳机在听英语或歌曲，而对周围的事物毫不在意，甚至在公车上有的人还因此听不到报站而忘记下车。其实这就是一种忘我的状态。看来要达到这种状态并不难，难的只是你想不想潜心进入某一领域并且打算为此付出最大的努力。

在图书馆里，有的人可以忽视旁边有人路过，心思完全沉浸在面前的书本中；而有的人却时常东张西望，即使有人开门进来，他也要看上几眼。这是完全不同的两种状态，前者是忘记了周围的环境，这也是一种忘我。而后者则太容易受到干扰，这种状态，即使身在图书馆，也是毫无意义的。

一个人只有在生活中的小事上达到忘我的状态，才能够达到在人生中的忘我。"那时你心醉神迷，浑然忘我。我多次有过这样的经历。我的手就像不属于自己，对发生的一切我无所作为。我只是坐在那儿旁观，心怀敬畏，满腹惊叹。此时（音乐）自己流淌出来。"一位顶级作曲家这样描述其沉浸的状态。世界上很多优秀的艺术作品和科学成果，都是在忘我的精神中产生的。如果人们时常注重物质方面的、外在的东西，而不去探寻内心世界的真正感受，人的思想就永远也不会升华，要取得一定的成绩也是遥遥无期的。

有一位女孩从小就相貌丑陋，为此她很自卑，从来不敢大声说话，生怕引起别人的注意而嘲笑自己的丑陋。进入大学后，更因为同龄的女孩个个神彩飞扬而觉得抬不起头来。后来在老师和同学的帮助下，她逐渐摆脱了自卑心里，而将注意力集中到了学习上，还常常因为读书而忽视了周围的一切，在书本中她找到了有比人的外表更具吸引力的东西。正因为内心有了大量文化知识的积淀，女孩慢慢忽略了自己外表上的不足，而变得越来越落落大方，等到大学毕业时，老师和同学无不为她的谈吐及由内向外散发出来的气质感到叹服。甚至那些漂亮的女孩也开始羡慕起她来。

如果说茜尔玛·拉格萝芙的忘我是潜能的突然爆发，那么这位女孩的忘我则是随着时间的流淌而慢慢堆积起来的。刚开始读书时她不可能一下子就进入忘我的状态，那需要足够的意志力来战胜自己。知识对人类有着超乎寻常的吸引力，一旦你发现了它的魅力，就会被逐渐吸引。相信在她以后的人生中，如能继续保持这种忘我的精神，一定会有所成就。

不知道你有没有发现，当你完全沉醉于某项工作中时，那种感觉是很幸福的。因为那时你感觉不到周围环境对你的干扰，就连平时的一些烦心事也会暂时忘记。既然是这样，为什么不让自己常常保持忘我的状态呢？虽然这需要付出一些努力才能实现，但是只要你尝试了，就一定会成功。专注于眼前的事物，记住该记住的，忘记那些不该记住的东西。无论任何事情，当你完全醉心于它的时候，你的成功也就指日可待了。

◎ 从失败中学习

在美国，有一名收藏家名叫诺曼·沃特。他看到众多收藏家为收购名贵物品而不惜千金，灵机一动：为什么不收藏一些劣画呢？于是，他开始收购两种劣画：一种是名家的"失常之作"，另一种是价格低于 5 美元的无名人士的画。没多久，他便收藏了 200 多幅劣画。

1974 年，他在报纸上登出广告，声称要举办首届劣画大展，目的是让年轻人在比较中学会鉴别，从而发现好画与名画的真正价值。沃特的广告广为流传，成为人们茶余饭后的一个热门话题。人们争先恐后地参观，有的甚至从外地赶来。出乎人们的意料，这一画展非常成功。

还有一个与"劣画大展"很相似的展览，就是"失败产品陈列馆"。美国有一家市场情报服务公司，其经理叫罗伯特。他酷爱收藏，共收集了 75 万件"失败产品"。后来，罗伯特又试着创办了一个"失败产品陈列馆"。这个陈列馆把许多企业和个人费尽心机研制的，又因种种原因失败的产品展示出来。参观的人络绎不绝，收获可以用爱迪生的话来概括："失败也是我所需要的，它和成功对我一样有价值。只有在我知道一切做不好的方法以后，我才知道做好一件工作的方法是什么。"就这样罗伯特取得了意想不到的成功。

失败，像一座开放的学府。在这座失败的学府里，真理的光芒显得格外明亮，足以照耀人们化险为夷、反败为胜的道路。迈克·戴尔说："我们一向把错误当成学习的机会，重点是要从所犯的错误中好好学习，才能避免重蹈覆辙。"

不懂失败，就不会取得长久的成功。"失败是成功之母"并不是一句空话。一个真正善于学习的人，不仅要学习正面的成功事例，还必须懂得从失败中学习。如果能够从失败中吸取教训，积累经验，就能转败为胜，由失败走向成功。

道斯·洛厄尔现在是毕马威公司美国加州分公司的"超级员工"之一。在他的岗位上他创造了自己的工作辉煌：连续 5 年工作无丝毫误差，获得过超过 500 位客户的极力称赞，并在公司中获得了同事与主管的一致认同。但是这一切的获得不是凭空而来的，而是在经过了一系列的失败后，自己不断总结学习而最终成功的。

洛厄尔刚加入公司时，对公司的运作情况还不是很清楚。刚开始他想得很美好，认为不过就是算算账而已，然而接下来的一系列失败让他认识到绝不是这么简单。在他开始上班的第一个月，他交给部门经理的一张报表就出现了一个相当大的错误：原来在一项金融计算中，存在一个他没有使用过的计算公式，错用了这个计算公式让他的结果出现了很大误差。部门经理让重新做这张报表。洛厄尔对这第一张报表的失败非常重视，他认识到自己在专业知识上还有很多的欠缺。于是他从这个计算公式入手全面系统地重新学习了相关知识，并成为了这方面知识的专家。但是并不是说从这以后他就再没有遇到过失败，恰恰相反，他仍然遇到各种各样的失败。但是，他已经养成了从失败中学习的习惯：与客户面谈失败之后，他从中学习经验教训，最后成为一个与客户交流的高手。第一次开发新的客户，对方并不接受，总结这样的失败教训，他最后做到了一个人开发了分公司 15% 的客户……这一切的成就都来自不断地向失败学习。

养成从失败中学习的习惯，你的每一次失败便可以说是下一次成功的开始。失败是一所每个人都必须经历的学校，在这所学校里，你已成人，已学会独立思考，已会选择，这一切，都决定你如何尽快从这所学校毕业，而不是呆下去或重修这所学校的课程。

从失败中学习非常重要。若能如此，就不会再犯同样的错误，更不会失去走向成功的信心。日本学者戴斯雷里曾说："没有比逆境更有价值的教育。"如果把失败弃之不顾，不加反省就意志消沉，那么即使开始下一项工作也不会收到好的效果。遇到失败，若只是简单地以"跟不上人家"为借口，就不会有任何进步，没有在失败中学习的精神，便永远得不到成长。而且，只有在失败中，才能更好地找到我们所要学习的东西。

那种经常被视为是"失败"的事，实际上常常只不过是"暂时性的挫折"而已。这种失败又常常是一种幸福，是生活赐予我们的最伟大的"礼物"，因为它能使人们振作起来，调整我们的努力方向，使我们向着更美好的方向前进。看起来像是"失败"的事，其实却是一只看不见的慈祥之手，阻挡了我们的错误路线，并以伟大的智慧促使我们改变方向，向着对我们有利的方向前进。

如果人们把这种失败理解为一种"暂时性的挫折"，并引以为戒的话，它就不会在人们的意识中成为失败。事实上，每一种"暂时性的挫折"中都存在着一个教训，我们能够从中吸取极为宝贵的知识，而且，通常来说，这种知识除了经由失败获得外，别无其他方法。

"失败"通常是以一种"哑语"的形式向我们说话，而这种语言却是我们所不了解的。实际上，失败的"哑语"是世界上最容易了解并最有效果的语言。它就是宇宙通用的语言，当我们不去聆听其他语言时，大自然就通过它向我们说话。

事实上，我们把挫折当做失败来接受时，挫折才会成为一股破坏性的力量。如果把它当做我们的老师，那么，它将成为一种祝福。

你失败了，你就进了这所学校，不管你自己希望在这里学到什么。你可以是这所学校的优秀学生，你可以认真学习，把你在外面受到的挫折心得带到学校中总结学习。你可以在这里发现你所需要的、所喜欢的课程，并对照自己不断学习、不断进步。你也可以是这所学校的差生，可以在学校无所事事，可以成天混日子过，终日无所得。你在这所学校表现如何，将决定你从失败中学到什么。你在学校认真学习，就能够很快学到很多东西，提前从学校毕业，成为一个合格的毕业生。但如果在学校敷衍了事，你可能就学不到东西，那你就永远无法毕业，在失败中呆一辈子。

失败所以能促成成功，是因为我们不断地在失败中认识错误，这样可以避免重犯许多错误，不再重蹈覆辙，当然就会成功了。这是所有科学研究所遵循的法则。

所以，不要惧怕，也不要逃避失败，因为成功是无数失败的积累，没有失败的成功只能算是侥幸！假如你一帆风顺，处处得意，并不证明你有能力，反而显示出你胸无大志、人生目标定得太低、只求得过且过，这是毫无意义的。

许多人只希望做个平庸的人，能够过着简单的生活，赚取微薄的收入，他们就心满意足了。他们的要求不高，不是因为他们天生一副懒骨头，而是因为害怕失败，不知道有失败才会有成功！

◎ 习惯不是造就你，就是毁掉你

在我们的生活中有意、无意间形成的所谓习惯其实就是一种力量。现在让我们来看一些有关的例子。

语文老师有一种习惯：上课总爱赞扬别人，那一句经典台词"太有才了"时时能激起我学习语文的兴趣，但唯一遗憾的是我似乎没有得到这句赞扬，嘿，这也许是需要时间来检验的。这是一种给人快乐、给人信心、给人克服困难的无穷力量的习惯！莎士比亚说："对我们的赞扬就是给我们的报酬。"马克吐温说："凭一句赞扬的话，我可以活上两个月。"语文老师的精神世界，就是由生活中被他发出到的许许多多的赞扬组合而成，来照亮了别人的世界。

数学老师有一种习惯：上课总是说"这是错误的"或"这是不对的"。饱含激情的话语，使我们每次在做错题的时候总用这两句话来提醒自己、鞭策自己。不知不觉我们似乎也有了这种习惯，在上课的时候和他抢着说这两句台词，每次都活跃了课堂的气氛，哈！数学老师的精神世界，就是由生活中被他捕捉到的许许多多的错误组合而成，从而变得丰富绚丽。

化学老师有一种习惯：总爱说"这就糟糕了"，这也许是对我们做不来题的否定，也许是对我们整天贪玩的批评。这句话总是在我们陷入难题的时候在我们的耳边响起，但每次都有绝处逢生的希望，让我们重新调整解题的思路、方法。

我们做事情，很少是出于理智，常常是出于感情，而更多则是出于习惯；但我们总能为自己的所作所为找到一个恰如其分的理由，来证明自己是有智之士，其实那只是在替习惯找幌子打圆。习惯在这里——具有至高无尚的权力，连理智也屈从并服务于它。习惯虽是后天养成，却有着先天的根源，那便是惰性。无论是向好的还是向坏的方向发展，惰性都将归宿于习惯。

譬如，我们有个不成法的规律——午饭后睡午觉，便是最好的例子；一个人有早起的习惯，是因为他发现了自己的惰性并能克服之，其情形也不外乎此。习惯有好有坏，故而有良习和恶习之分。它可以是护身符，使我们逢凶化吉；也可以是祸水毒流，给人带来灭顶之灾。习惯一经发展和稳固，它的权力便得到大众的认可，习惯在这里就成为当然，由当然进而化为必然；于是习惯一跃而成为规律。我们评判事情的是非曲直，常说看是否合理，其实这里的理指的就是习惯，而不是什么真理的理——也许二者从根本上讲是一回事——但人们并不指明是习惯，习惯的威力可见一斑，由此可见，人与习惯关系之密切。良好的习惯是一个人成功的基石；与此对应，恶习可以把所有的努力和成功变成人生的顶峰（以后再也没有新成就了），甚至使之走向失败。

假如将理智比作我们的日常饮食的话——我想是可以这么比的，孔子云："吾日三省吾身。"这"省"指的就是理智。连孔子每天都少不了这个，可不就像我们每天少不了吃东西么——那么它只能算是茶前饭后的点心，至于正儿八经的用餐则非习惯莫属。这样，习惯就成为我们生活中的必需或必要了，即王子猷观竹所说"不可一日无此君"之意。这并非是夸大其辞，习惯最初也许是由理智培育出来的，但一旦习惯成熟长大后理智便会退而居其次。倘若凡事不论大小都三思而后行，那么人们即使是有电脑一般的反应速度也难保不出乱子或"死机"。

习惯既成为一种必需或必要，那么理智只能算是一种奢侈了。我想必需是基本的，奢侈是更高一级的，因而更难得。因此我们可以说，习惯固然必不可少，但终属基本阶段，我们不能让它统治一切。

值得注意的是，"习惯"有别于"上瘾"。在通用的词典里，"习惯"的同义词是"倾向"、"趋势"、以及"日常行为规律"等；而"上瘾"的同义词则是"变态的固执"、"药物依赖"、以及"沉迷"等等。显然，二者差别显著。

通常，"习惯"和"上瘾"有些联系，而又相互独立。举例来说，当我们试图戒烟的时候，如果能认识到吸烟不仅是一种习惯，同时还是一种上瘾行为时，无疑将有助于我们成功地戒烟。在吸烟的行为里，上瘾源自对尼古丁的化学依赖，这之外的就是一种习惯了。每一个烟民吸烟的习惯和上瘾的程度都不尽相同，但是，要想成功戒烟，不论是吸烟的习惯，还是吸烟的化学依赖，都必须同时加以根除。

所有成功人士都有一个共性，那就是，基于良好习惯构造的日常行为规律。各个领域中的杰出人士——成功的运动员、律师、政客、医生、企业家、音乐家、销售员，以及所有专业领域中的佼佼者，在他们的身上你都能发现这样一个共性，那就是良好的习惯。正是这些好习惯，帮助他们开发出更多的与生俱来的潜能。当然，他们身上并不一定没有坏习惯，但是，一定不会太多。

让我们来认真思考一下吧。成功人士并不见得比其他人聪明，但是，好习惯让他们变得更有教养、更有知识、更有能力；成功人士也不一定比普通人更有天赋，但是，好习惯却让他们训练有素、技巧纯熟、准备充分；成功人士不一定比那些不成功者更有决心、或更加努力，但是，好习惯却放大了他们的决心和努力，并让他们更有效率、更具条理。

这里列出了一些好习惯，你不妨再把自己的不良习惯一一列出。然后，让好习惯取代你自己清单中的每一项"恶习"。那些好习惯将影响你的一生，比如：

- 永远信守承诺；
- 开会和约会不迟到；
- 从来不忘记回复电话；

- 与同事、客户、家人的沟通更充分一些；

- 总是明确告知他人自己将做什么以及日期安排；

- 快速处理各种琐碎的行政事务；

- 积极倾听；

- 永远不要等到最后一刻才做计划；

- 一经介绍，就永远记住对方的名字；

- 与人交谈时，保持良好的眼神接触；

- 保证每天的饮食健康；

- 定期锻炼身体；

- 少看电视；

- 多读书；

- 常与家人共进晚餐；

- 控制情绪和脾气；

- 至少把每月收入的十分之一用于适合自己的某种投资；

- 定期给家人或朋友打电话或写信。

　　培养小习惯意义非凡，这样的成果是显而易见的。但是，好习惯的影响还远不止于此。更多、更有意义的结果会很快接踵而至——你开始在生活中的其他方面也不再拖沓，变得有条理，有效率。渐渐地，你还会发现你的闲暇时间因你的井井有条而多了起来，你可以去做一些自己喜欢的事情……这些，都是好习惯的结果。

　　小习惯带来小成果，也将逐渐变成你的日常习惯，并取得更大、更有意义的成果。大成果也许难以准确推断，或是难以预料，但是，它们对于生活的影响无疑是相当深远的。

　　"改掉坏习惯，培养好习惯"的好处太多了，我甚至可以肯定地告诉你，你究竟能在成功之路上走多远，完全取决于你的习惯。

第五章
谁来触动我内心的柔软

　　走过了二十载的青葱岁月，生活是那样的无忧无虑，我们的心不曾为任何事情所羁绊。不记得是从哪一天起，似乎有一个遥远的声音在呼唤，原来是生命中最美好的事情开始出现。带着青青杨柳般的气息，携着丝丝桃花样的甜蜜，开始了这不一样的人生之旅。原来，生命中还有如此让人悸动的轨迹，你用稚嫩的双手拨弄青春的琵琶，可是谁又在拨动你心底那根最柔软的弦？那承载着爱情的列车，当它驶来时，你是否已做好了乘车的准备？

◎ 那些生命中令人期待的美好事情

在如今的大学校园里，我们可以看到很多对情侣手牵手同进同出。他们或是因为一见钟情而彼此牵手，或是因为彼此为对方的容貌所吸引，或是为对方的才华而折服，或是志同道合……

大学生活，恋爱绝对是个时尚的话题。刚入校的新生，没有必要为就业发愁，第一年的学业又不会太紧张，刚从高考大熔炉里炼出来的你们，来到了一个崭新的世界，过上了梦寐以求的大学生活，俩字——无聊，再俩字——郁闷。如何能够丰富自己的大学生活，又能让自己的情感有所寄托？恋爱！

大学生恋爱虽然是一个普遍得不能再普遍的现象，但实际上好多大学生所追求的爱情只不过是他们一时的好奇罢了，那是一种盲目的行为。就好比有人说糖好吃，人们便一窝蜂的去买，结果有的人就觉得很好吃，而有的人却觉得不合自己口味。恋爱就是这样，没有经历过的人就千方百计的想去尝试，而有过恋爱经历的人则会继续追求自己心目中理想的爱情。

由于各种各样的原因，他们走到了一起，冥冥之中，这是一种缘分，一种难得的相遇，毕竟大家都是来自天南地北的人。每对情侣，由相遇到相识，相识到相知，最后彼此携手，这份情，来之不易。我觉得，他们此时最需要的是珍惜。很多人因为一时冲动而走到了一起，而最后却由于不能坚持而彼此各走东西。他们失去的不仅仅是自己的精力与时间，更是让自己最宝贵的时光荒废。

大学谈恋爱或许是一件很美妙的事情，但是我们必须慎重对待，必须考虑长远。正如有句话说得好，有些人因为寂寞而错爱一个人，因为错爱一个人而寂寞一生。所以选择人生的另一半对我们一生的幸福是举足轻重的。

大学时代是人生的美好时光，对爱情的艳丽花朵，要精心照料才会绽放得更加绚丽多彩。认识爱情的本质，了解爱情的基础，摆正爱情在生活中的位置，要着重注意以下问题：

一是要处理好爱情与学习的关系。这个说起来容易，无非是合理安排好时间。但是做起来却比较难。这就需要我们认清楚什么是应该做的事情。大学生进入大学，首先是学习知识，这是我们最主要的工作。这并不是说爱情不重要，而是只有先把学习搞好，才能更有精力顾及爱情。

二是处理好恋爱与集体的关系。恋爱中的男女青年不应把自己禁锢在两个人的世界中，如果出双入对，脱离集体，就会限制交往的范围，妨碍自身的发展进步，不利于个性发展以及社会适应能力的提高。

三是认识到恋爱与道德的关系。爱的情感是与道德责任结合在一起的。只有以高尚道德作为基础，才能获得真正的爱情。要强调爱情的道德价值，遵循恋爱的道德，这体现在：恋爱的前提是双方平等，相互尊重，尊重对方的感情，尊重对方的人格，不一厢情愿，强加于人。选择恋爱的对象时不应注重外貌、家世，更应注意道德品质，注重心灵的纯洁善良、思想的进步和情感的忠诚。恋爱过程中，应该互敬互助，真诚相待，不朝秦暮楚，不喜新厌旧。

四是要正确对待失恋。失恋是爱情道路上的挫折和不幸。每一对恋爱者不一定都能发展为夫妻。对于失恋，当事人应理智地分析原因，自我反省，自我调整。失恋不能失态，更不能失志，更加不可以轻生。要以坦荡的胸怀及早从个人感情的圈子里走出来，重新扬起生活的风帆，坚定地走自己的路。

五是明确恋爱与博爱的关系。爱的感情丰富博大，不只有恋人之爱，还有父母之爱、兄妹之爱、朋友之爱，更有对祖国对人民的热爱。一个人的情感愈博大，情爱愈专一，他的爱也愈高尚。只有把对异性的渴望、爱慕和追求渗透到对祖国对人民的热爱中和远大理想的追求中，爱情才会变得高尚和稳固。

非常接触

90后大学生恋爱成本调查

当然，恋爱谈的是"爱"，而不是钱。把风花雪月抛在一旁，只把世俗之物摆在台面上，岂不是太煞浪漫的风景？可是，谈恋爱不能只是"乌托邦"式的空谈，必然要考虑到现实的因素。记者在调查中发现，大学生的恋爱成本主要花费在以下几个方面：一起吃饭、逛街、游玩时所花的钱；通讯费；送礼品的开支等等。

吃饭、逛街、游玩等所花的钱是大学生恋人的基本恋爱开支。小刘是南京理工大学的一名大二学生，女朋友和他就读于同一个院系。他们基本上每周去学校外面吃两次饭，有时去比较低档的小餐馆吃一些炒菜，有的时候为了改善伙食，就去一些中档次的餐厅；他们每个月逛一次街，买衣服、喝奶茶等也要花一些钱。一些比较有名的旅游景点、一些比较繁华的购物中心，都是年轻的大学生情侣们经常光顾的地方。而在学校周围，学生情侣也成为了一些餐馆、水果摊等店铺的主要客户群。

通讯费也是大学生恋人的主要开支之一。对于恋人在外地的同学来说，电话费，上网视频，相互看望时的车票、飞机票等费用也是一笔不小的负担。程波是西南大学的一名大二学生，而他的重庆女友已经毕业出来工作了。虽然同在重庆，程波的学校距离女友租居的地方仍有2个小时的车程，每逢周末程波都去女友那边，每周的往返车费就得花费程波二十元。刚开始时每晚的通话时间至少在一个半小时，现在也有半个小时左右，程波每月冗长的话费单已成为他的"不能承受之重"，尽管如此，每晚的"电话拉锯战"仍旧持续着。而南京理工大学的栗同学为了看望身在重庆的女友，每个学期要花上 2000-3000 元钱来支付飞机票的费用。

大学生恋爱消费的另外一项比较大的支出是送礼品。对于情侣来说，两人庆祝生日、周年纪念日、情人节等节日是必须要送礼物的。玫瑰、毛绒娃娃、巧克力、衣服等是比较常见的礼物，而在一些特殊的场合，大学生情侣也要送礼物来表明心意。小静是南理工的一名大二学生，她告诉记者："有一次，我惹男朋友生气了，我们冷战了好几天。后来我想不能再这样下去了。他以前说过他喜欢玉，我就跑到新街口给他买了一块'观世音'玉，当时商场搞活动，打四折，晚上回去就送给了他。"

……

◎ 婚姻很远，暧昧很近

从生理上看，现在孩子进入青春期的平均年龄比过去大致提前了 3 年。大学生一般在 18 至 22 岁，正处在青春期。从心理上看，心理发育以生理发育为基础，同时还受到社会因素的制约。一般来说，大学生的心理发育比生理发育滞后，成熟期更长，大约有 40% 的男性和 60% 的女性心理发育跟不上生理发育，形成了生理早熟与心理晚熟的反差。在此期间，大学生的心理发育不稳定，观察力不强，气质、兴趣、爱好等易有变化；情绪起伏不定，遇事偏激冲动；他们既有成人感，有独立生活的要求，又受心理局限，不时地流露出程度不同的孤独感。因此，有些学生就在结交异性中寻找精神寄托，一位网名叫"情深意长"的男生对女友说的话颇具代表："我们都离开了家门，无人照顾，也没人说心里话，我们俩就互相关心吧。以后成了，那最好；不成，也没什么，留下美好的回忆，再恋爱时各自也有了经验。"

青年心理上的变化，也是大学生恋爱的一个重要内因。大学生阅历浅，缺乏社会经验；思想不稳定，人生观正在摇摇晃晃地树立起来，其思想可塑性强。然而，人生观一定程度上决定了恋爱观。处在躁动年龄的大学生，性意识日趋成熟，已经离开了性疏远期，进入性亲近期、性萌动期和恋爱期，他们渴望与异性接触相处。

当然，大学生普遍恋爱，也受到多种外部因素的影响。

一是大学特殊学习环境的影响。扬州大学徐蓉蓉同学说："本来大学生年龄、知识层次相近，平时学习、生活在一起，就容易产生感情，更何况我和现在的男朋友上大一时正好安排在同桌，长相还算般配，性格也相合，两个人天天耳鬓厮磨窃窃私语，能不产生感情吗，近水楼台还先得月呢。"在大学里，新的环境、新的师生、新的学习任务、新的生活，使青年学生既有成熟感，也有畏惧感，于是"在家靠父母，在外靠朋友"，有些学生迫切需要找一个知心朋友，互相帮助。因此，在同班同学或老乡之间，也是最容易产生恋爱关系的群体。

二是校园文化生活单调的影响。网名为"黑旋"的同学认为：现在大学除了上课，很少有学校组织的集体性活动，文化体育活动只是某一部分人的专利，大多数人课余生活乏味、人际关系淡漠。至少通过恋爱，可以有个情感上的寄托、生活上的依靠，同时也为寻求精神上的快慰。

三是大学自由生活的影响。南京农业大学吴琼同学说：大学生的行为虽然已基本能够自我约束，自我决断，具有一定的自我控制能力，但是远离父母的约束，也没有中学教师那样的管教，大学学业较轻，没有上中学时考试成绩的压力，生活相对比较轻松，自由支配时间较多，这样恋爱似乎就变得无拘无束起来。

四是家庭环境的影响。笔名"木怜心"的同学谈道：有的家长担心子女大学毕业后难以找到合适的对象，也有的家长认为早结婚早生子早出息，就怂恿子女在校谈恋爱，并在经济上给予支援，也使这部分学生的恋爱有了物质基础。更有来自相对贫困地区的学生家长，尤其是男同学家长，也是想孩子在学校期间能找个合适的对象回家，不然自家一贫如洗，真毕了业还说不定上哪里找，找到找不到对象都成问题，只要你有能耐你就谈。当然，部分学生盲目追求"享乐、消费、索取"的思想观念，也会成为恋爱的动因。

五是一种错误观念和思潮的影响。一位网友说：大学生都有这种观点，"恋爱是大学的必修课，在大学里没谈过恋爱就不算是一个合格的大学生"。在这种思想的影响下，很多大学生义无返顾地投身于恋爱的洪流中去。在恋爱中，一些同学也抛开了矜持与含蓄，表现得越发投入与大胆，有人称之为：爱就爱得轰轰烈烈。与此同时也有不少同学仍徘徊在爱情的伊甸园中，寻寻觅觅他们的恋人，他们崇尚爱情，渴望爱情降临。

对于文化水平较高、情感体验较为丰富的大学生们来说，校园爱情是他们大学生活中重要的一课。大学生们通常反映出的恋爱心理特征是：

1. 性爱的好奇心理——由生理发育成熟导致的性冲动与性亲近要求的产生而形成。

2. 急于求成的占有心理——与高校聚集着才华、风度、美貌于一身的特殊人群氛围直接相关。有些男大学生固执地认为：毕业后还没有男朋友的女孩都是别人挑剩下的。

3. 依赖心理——由独生子女的孤独感和习惯了他人的呵护与关爱所致，属于"情感寄托型"的恋爱动机，缺乏独立意识和自立能力，易受挫。

4. 补偿心理——由功利型的恋爱动机所引发，即希望在所爱的人那儿获得社会地位、经济等方面的补偿。

5. 游戏人生心理——其恋爱动机是：满足与异性交往的欲望，寻求刺激、填补精神上的空虚，甚至发生婚前性行为，他们见一个爱一个，玩儿一个丢一个，完全是一种游离于婚姻之外的享受和消费。

大学生这个特殊社会群体，今后的生活还会动荡，毕业分配和就业还是个未知数，即使获得了真爱，毕业后也有可能天各一方。因此，大学生们"不求天长地久，只在乎曾经拥有"等恋爱心态也是很自然的事。

追求令人陶醉的爱情，憧憬神话般的温柔是这一时期大学生凸显的特征之一。显然，他们对爱情已有了某些体验，基本形成了自己特有的看法。但是社会环境对大学生的恋爱观的影响还是比较大的，因此造成大学生的恋爱观千差万别，带来的一些问题也不容忽视。

过分盲目追求前卫。由于外来文化和西方思潮对大学生的影响，有的同学盲目追求脱离现实的艺术化的爱情,他们过分追求时尚、潮流。至于恋爱对方和客观条件是否允许这样的爱情存在,则欠考虑。月儿从大二开始,就整天被韩剧吸引,电视里的帅哥靓妹的爱情故事,吸引的她是如痴如醉。对于她来说,是具有理想型恋爱心理的人,她深信多找几个会使将来更幸福,因为可以体会不同类型的男生,可以辨别哪种类型更适合自己。因此,天生丽质的她每天周围都有一群男生相伴。可是现实似乎并非像她想象得那么美好,临近毕业之时,一个个男友相继离她而去。

有了爱恋忽略了友情。"有异性没人性"、"重色轻友"是我们常听到的校园时髦话语。大学生需要爱情也需要友情,但在现实生活中却有一部分同学只理解同性之间的友情而不理解异性之间的友情,错把异性间的正常交往视为谈情说爱,认为爱情的公式就是亲密的异性友情;还有一些大学生一见到男女生接触多一些就大惊小怪,说长道短;也有的大学生在与异性交往中,只要赢得对方的一点好感或赞许,便自作多情,想入非非;有的同学分不清恋情与友情的区别,往往把两者混为一谈,以致在异性面前茫然不知所措。更有甚者,有的同学恋爱了,心里想的只有对方,把自己平时的同性朋友、舍友也爱理不理了,简直就是"重色轻友"。

学习成了爱情的附属品。在"推动自己学习的各种因素"的调查中,将近1/3的大学生认为恋爱的鼓励和激励是自己学习的动力之一。但实际情况却是,相当多的人因爱情挤掉了许多学习的时间,阻碍了学习的进步、知识的增长。有些同学懂得学习是学生的天职,总想把学业放在首要的位置,但这仅仅是大学生美好的主观愿望而已,更多的人一旦坠入情网便不能自拔,强烈的感情冲击了一切,学习受到严重的影响。在大学校园你可以轻松地看到,有的大学生整天如痴如醉,沉浸在卿卿我我之中;有的则"轰轰烈烈"找朋友"加班加点"谈恋爱,以致成为恋爱"专业户"。而在不知不觉中变得"儿女情长,英雄气短",成就事业、"男儿当自强"的热情却一天天地冷却下来。

在性爱中迷失自我。恋爱是自然的、正常的，是性爱心理的萌芽，是学生与学生、学生与社会广泛接触的必然产物。但在性爱中迷失自我则不可取。大学生恋人的同居现象愈演愈烈，学校周围的出租房内随处可见一对对学生恋人搭锅起灶有模有样地沉醉在"夫妻"生活中。激情放纵后，这些偷尝禁果的小恋人们几乎很难绕开未婚怀孕的难题。有些未婚先孕的女大学生因为害怕被别人发现和耻笑往往不会去正规医院做人流手术，而选择一些地处偏僻的私人小诊所，存在各种不安全隐患，一不小心就有可能抱恨终生。有的则未婚先生子，引起不必要的麻烦。谈恋爱要为对方负责，不能说为满足一时之欢，而不顾及将来，不要学校在一起是朋友，毕业后成为敌人。

由此，树立正确的恋爱观非常重要。那么，什么才是正确的恋爱观呢？首先，在恋爱过程中，在思想、生活和学习上积极上进，有责任感，并能在恋爱过程中做到自尊、自重、自爱。其次，要懂得什么是真正的爱情。在恋爱的过程中，以纯洁的动机和文明的行为对待爱情及其矛盾。第三，进行性知识和性道德教育，采取心理咨询和心理治疗的积极方法去解决大学生的"性意识骚动"，消除爱的盲点和误区。

情感小测试

你会为爱付出多少代价

被偷走的东西，从深层心理学的角度而言，这正暗示着你愿意为爱情付出的代价。一个小偷溜进了王宫，你觉得他会偷走什么？

1. 钥匙
2. 皇冠
3. 宝镜
4. 古董茶壶

答案：

1. 钥匙

就精神分析学而言，钥匙代表着朋友。因此，选它的人可能认为自己是为了爱情宁愿失去知心朋友的类型。

2. 皇冠

王冠是名誉和地位的象征，所以，选它的人，会为了爱情抛弃富裕的生活以及令人尊敬的荣誉和地位。虽然这种为爱而付出的代价可能非常大，但多半会过得很快乐。

3. 宝镜

镜子中可以反映出自己的形象，也就是说它是未来的向征，所以选它的人，属于愿意为爱情放弃大好前程的人，同时，也是比较注重把握眼前的人。

4. 古董茶壶

茶壶是包容力的象征，也就是暗示着你的家人。选它的人，为了爱情，是不惜给自己和家人带来不幸的。这类人很容易陷入危险的爱情之中，甚至会和有妇之夫发生恋情。

◎ 爱情可以期待，但不可以制造

爱情是人生中的重要组成部分，没有爱情的人生是不完整的。现在也会有人说，大学期间没有谈过恋爱，大学就是不完整的；还有人会说，在20岁时没有谈过恋爱，人生就是不完整的……可是，那份你梦中期待的爱情，它会像你预约好了一样如期而至吗？倘若目前你还不曾拥有爱情，你是否真的觉得自己的人生是不完整的？倘若你已经拥有了爱情，你是否觉得自己的人生已经完整了呢？是谁规定在人生的某个阶段必须要谈恋爱？当没有爱情时，你会为了谈恋爱而谈恋爱吗？

爱情是人类永恒的话题，在上帝造人的那一刻，他就为每个人创造好了另一半。但是那个另一半，却不能与你同年同月同日同处生。在人生的旅途中，有些人恰好与上帝为他创造的另一半不期而遇，而有些人则会寻寻觅觅，一生都与真爱擦肩而过。由于生活中的种种缘由，即使你努力去寻找，也未必能找到那个在红尘中痴心等你的人。因为，爱情就像含有若干个未知数的方程式，求解的过程中你需要做出无数次的假设，答对了，等号两边的数字就相等；答错了，等式不成立，你还要继续假设。那么，当你还无力解答爱情中的 xyz 时，不妨把求解的过程放慢一些，或者留待以后再做。

人人都梦想拥有美好的爱情，尤其是在大学校园里，谈恋爱者不在少数，想谈恋爱者就更不计其数。校园里随处可见情侣们的身影，而且这些身影更有着一天天增多的趋势。记得读大学时，同学谈恋爱有一个倾向，如果一个寝室中有6个人，要是有两个或两个以上的人正在谈恋爱，那么这个数量就会逐渐增加，发展到三个、四个人在谈恋爱，以至到最后全寝室的人都谈恋爱了。然而到毕业时，这些情侣最终走到一起的却很少。很显然，这是一种攀比性恋爱，因为全寝的人都在恋爱，剩下不恋爱的，难免会觉得难堪。即使找不到那个最合适的人，也勉强对付一下，否则颜面何在？当然，有这种强烈的需要用恋爱来保持自尊的人不在多数，可对处于青春期争强好胜的人来说，也不可能完全避免。

有一位同学，大学期间共谈过3次恋爱，几乎每一次爱情都是因一见钟情开始，最后以发现并不是真的爱对方而结束。时光不会因爱情而停滞，随着3场爱情战争的结束，大学生活也即将结束。在总结这4年来的生活时，他不禁为自己这几年来的生活而感到汗颜。第一次恋爱失败后，他无法忍受失恋的痛苦，继而在还没有沉下心来想一想自己该做什么时，就匆忙开始了第二次恋爱。他崇尚一见钟情式的爱情，虽然第一次因一见钟情而起的爱情以失败告终，但他仍然坚信，一见钟情会为他带来美好的爱情。就这样，一次次的一见钟情，一次次的失败。直到大学生活即将结束，他才幡然醒悟，原来在这4年的时间里，他除了一次次地为自己制造爱情，其他一无所获。可要想重新开始大学生活，已是不可能的了。

爱情要靠缘份，缘份来时躲也躲不过。刻意去制造缘份，不仅让自己伤神，最后也会为对方带来伤害。真爱尚有生活中的摩擦和痛苦，何况那种似是而非的爱情。每一个热爱生活的人都会渴望爱情，但在爱情面前，切不可盲目地以为爱情就是生命中的全部。正像有人所说的，"我以为爱情可以克服一切，谁知道它有时毫无力量。我以为爱情可以填满人生的遗憾，然而，制造更多遗憾的，却偏偏是爱情。阴晴圆缺，在一段爱情中不断重演。"一段永远无法走向成熟的爱情，最终留给自己的只能是遗憾。很多人误以为在反反复复的爱情中便可以寻找到爱情的真谛，却不知道一颗年轻的心根本无法承载太多付出却得不到回报的伤害。到头来，青春的岁月未尽，内心却已经伤痕累累，早早就失去了爱的能力。

许多刚刚走过20岁年龄段的人，回忆起当年那段青春岁月时，或多或少会为曾经是否谈过恋爱而遗憾，或者为是否从一段正确的或错误的感情中收获什么而感到惋惜。20岁的你，如果了解了"过来人"对待曾经感情的心态时，便不会像现在这样迷茫和困惑。思想是随年龄和经历而逐渐成熟起来的，但你完全可以通过自己的努力使思想早些成熟起来。在还没有遇到真爱时，不必急于去开始一份并不理想的爱情，花费大量的时间和精力只是为了顾全颜面或填补内心一时的空虚，到头来只会使自己更加狼狈；当爱情来临时，也不必刻意躲避，错过真爱是一生的遗憾。但你必须明白，爱情不是简单的花前月下，也不仅仅是甜蜜的卿卿我我，爱情是承担，是付出，更是一种不能推卸的责任。

也许你正为每天重复同样的学习生活而感到枯燥和乏味，生活因为没有爱情而缺少了色彩。可当你真正走过那段岁月，回望时就会发现，正因为那种单调的生活，才让你延续了曾经的无忧无虑；那种只需考虑一个人的日子，使你的青春更自在，你的理想不受任何约束；也是那段没有爱情的日子，你才可以把全部的精力投入到学习中。在你的经济还没有完全独立时，爱情所付出的不仅仅是感情，更是一笔不小的开支，因为两个人在一起时的花费，不仅仅是一个人时的两倍，而是更多。当父母还在为你的前途命运担忧时，你却因为爱情而忘记了今天该为谁而努力，这难道不是青春经历中最大的欠缺吗？

有的人在大学期间之所以因为恋爱而一无所获，就是因为盲目的爱情容易使人忽略周围的一切，忽视了朋友，忽视了学习，更忽视了社交活动。爱情是感性的，但你可以让自己在恋爱中变得理性，即使身处爱情的暖阳中，也不必为了爱情而放弃一切，要知道，当我们能够从依赖走向独立时，爱情便也开始成熟起来。要相信爱情要顺其自然，而不能刻意制造。当你的爱情还没有到来时，要相信那只是上帝为了让你有时间和精力去做其他有意义的事情，没有爱情，你的世界不是被爱情遗忘的角落，而是被更多的爱所包围的空间。当一切都趋近完美的时候，爱情终归会来临，有时候，姗姗来迟的往往就是最好的。

◎ 越是寂寞，越要警惕爱情

一个人在寂寞的时候，最容易产生恋爱错觉。寂寞是一个人独立生活的最大敌人，它缘于内心的空虚、对现实生活的不知所措，和对未来的迷茫。

一个女生在日记中写道："黄昏后空旷的操场上，在夕阳的余辉中，一对一对，卿卿我我，只有我孤单一人，没有人关心，没有人爱。我不知道这样的日子我能挺过多久。当每个人都找到爱情时，我不知道我的爱情在哪里。如果现在有个男生走到我的面前，真诚地对我说'我爱你'三个字，我想我可能毫不犹豫，马上会以身相许。"

这是一位大一女生的日记，刚刚步入大学校园的学生，摆脱了高考学习的压力，会顿时失去奋斗目标，再加上大学校园与自己想象中差距太大，会在心理上产生巨大的落差。远离了家人、朋友的呵护与关爱，面临一个新的环镜只能自己一个人去适应。这时孤单寂寞也会随之而来。这时候，会很容易陷入一种糊里糊涂的爱情中。这位女生就是因为寂寞而产生了恋爱的冲动。爱情本身并没有错，错的是人们的恋爱动机。这种受寂寞驱使，为了暂时填补内心空虚的爱情，只会让自己变得越来越寂寞。

一位21岁的女孩在博客中写到：

"每天游离在城市的每一个角落，做着我们想做或者不想做的事情，只有回到家中，独自一人的时候，才会有一丝的安全感，我们都是容易受伤的动物，可是我们却不断地在伤害着别人，也伤害着自己。

时至今日，回头看看自己走过的路，我开始困惑，为什么我们要相爱？为什么我们要拥抱？为什么我们要亲吻？原来，答案只有一个——因为寂寞……

因为寂寞，所以我们相爱；因为寂寞，所以我们分离；因为寂寞，所以我们拥抱；因为寂寞，所以我们学会用身体取暖……

朋友问我：'为什么我们会爱上一个人呢？'

'因为寂寞。'

'那么，两个人在一起以后还会寂寞吗？'

'不，不会。'

'那么，那时的他们还会有爱情吗？'

我先是一愣，既而笑着说：'所以，不要相信任何关于爱情的承诺，因为爱情只是寂寞最华丽的出口，仅此而已……'"

爱情是人世间最美好的感情，以真正的爱和责任为基础培养起来的爱情，能够经受得住时间和生活的考验，无论经历过多少风风雨雨，那个人、那份爱始终会与你相依相伴。为了排遣内心的孤独与寂寞，在还没有认识到爱情的真正内涵时，就匆忙陷入一场所谓的爱情，这是对你和别人的爱的不尊重。看起来不再形单影只，可是有一天当你揭去爱情美丽的面纱，你所看到的却不是爱情纯净的内核。繁华落尽后如梦初醒，原来，爱情只是寂寞最华丽的出口……

寂寞并不可怕，可怕的是当寂寞来临时做出错误的选择。爱一个人容易，可要放弃一个人却很难，不是因为这个人，而是因为我们曾经为此投入过的感情，任何人都不会愿意自己的付出没有回报。因此当寂寞来临时，最好的排遣寂寞的方法不是选择盲目地去恋爱，而是为自己的生活树立目标，找到可以为之努力的方向。如果这时候通过爱情来填补寂寞，恐怕这样的爱情是不会长久的。

人的心理是很复杂的，处于恋爱中的人，也很难觉察出自己的爱情是因何而起。回忆当初大学时代，很多同学的爱情其实就像两个小孩子在玩过家家，他们根本还没有懂得真爱是什么，就已经在恋爱了。真正的爱情，是付出，而不是索取。如果你只是想找一个人来陪伴你，只是想有一个人可以关心你、呵护你，却没有想过要为对方付出什么；或者，如果对方只是一味地要求你去为他做什么，而很少考虑到你的感受——那么这样的爱情，就不是真正的爱情。或许你可以暂时有了玩伴，暂时不会感觉到孤单，但是这种瞬间就恋上，没有经过理性分析，还没有认清自己是否真正爱这个人，是否能够接受他的一切优点和缺点，是否心甘情愿为他付出，对方是否真正爱自己，你们是否彼此希望与对方共渡一生……这样的感情，难道不是在游戏吗？闪电式恋爱，闪电式分手，不投入真心，以游戏的心态来对待感情，只能使自己越来越寂寞。

步入人生的另一个轨道，无论从心理上还是生理上，一切都与过去有了明显的不同，寂寞在所难免。其实，排遣寂寞的最好方法就是读书，这看似很普通，你也可能认为很老土。一旦你开始认真地执行此方法，不久就会为此着迷的。人类的文化遗产博大精深，书籍的海洋更是永远没有尽头，无论天文、地理，还是历史、文学、哲学，总有你喜爱的一种，你只要有心情从中汲取养分，书籍永远也不会要求你的回报。与书恋爱，不会寂寞，也不会受到伤害，可谓一举两得。

年轻人的生活丰富多彩，只要你还有爱好、有梦想，就总能找到适合你的活动。多参加社交活动，主动去认识新朋友，让自己尽快融入集体、融入社会；不断地为自己树立目标，并为之努力，当目标一个接一个实现后，你的心情也会慢慢变得阳光起来，哪里还会有心情去寂寞？

寂寞会使人孤单，孤单也会使人寂寞。无论你做出怎样的选择，切记不要偏离人生的正常轨道，认真对待爱情，理性选择爱情，只有这样，你才能真正远离寂寞。

◎ 聪明的人在爱情中进步

郭沫若说，春天没有花，人生没有爱，那还成个什么世界。这个世界是必须要有爱情的，或迟或早，你都必须要经历爱情。一个人的一生中可以没有婚姻，但决不可能没有爱情。每个人的爱情都是不同的，它没有参照，它也不像"幸福的家庭都是类似的"说法那样，所有美好的爱情，也是各有各的不同。因为爱情它"像雾像雨又像风"，让人感觉幸福，也会给人带来不安和矛盾。就像有人说的，恋爱中的人智商普遍降低。培根说过：就是神，在爱情中也难保持聪明。不过有一点可以肯定，那就是聪明的人会在爱情中使自己进步，而愚笨的人在爱情中堕落。

爱情是人间至美的感情，崇高的爱情可以使人的思想在爱中升华。那种简单的、只图一时快乐的爱情，是不配被称做爱情的。

"我叫依然，是一名大二的学生，上大一的时候我无意中邂逅了一个叫瑞的外语系男生，从此便陷入了感情的困扰，瑞是一个比较有魅力的男生，挺讨女生的喜欢。我们像恋人那样相处，在周围的人看来，我们是亲密的男女朋友。他也曾经说过，他喜欢我，与我在一起很开心，也很轻松。

原来我以为自己在他心中很重要，可慢慢地我发现并不是这样：瑞对很多女生都很好，他也会对其他女生说他喜欢她，他经常向我炫耀谁谁喜欢他了，我的同学甚至看见他和别的女生手拉手地逛街。我很生气，很伤心，觉得没了自尊。我打电话想和他谈清楚，他却表现得满不在乎，说这没什么大不了的。我真不知道是否该继续这份感情。"

就像瑞一样，有些人恋爱只是为了满足自己的虚荣心，只是为了增加经验，他们见一个爱一个，不愿付出真心，完全游离于责任和婚姻之外，只想到自己，从不为别人考虑。自己以为在爱情中占了上风，表面上看似风光无限，却不知道这是一种更大的堕落。陷于此种困扰的依然，如不能果断地结束这种欺骗性的、其实并不存在的爱情，最终将会受到更大的伤害。"那种用美好的感情和思想使我们升华并赋予我们力量的爱情，才能算是一种高尚的热情；而使我们自私自利，胆小怯弱，使我们流于盲目本能的下流行为的爱情，应该算是一种邪恶的热情。"

恋爱中的人如果在思想上不能有所提升，在学业或事业上不能有所进步，或者其中的一方在做无谓的牺牲，那么这样的爱情，就不是积极的爱情。"爱情是一个不可缺少的、但它只能是推动我们前进的加速器，而不是工作、学习的绊脚石。"

曾经有两位同学的爱情，可谓经典，尽管他们都是平凡的人，却为身边的年轻人树立了爱情的典范。

中师一年级时，欣才16岁，相貌普通，脸上带着所有女孩都拥有的天真笑容，欣不仅学习成绩好，而且号召力强，很快就被选为班级的团支部书记。不久，在班级间的活动中，欣的身边多了一位高大帅气的男生，欣介绍说这是他们的班长。大家其实都明白这就是欣的白马王子——军。军不仅长得帅气，而且人缘极好，尤其擅长体育。

对于十六七岁的男生女生来说，这种恋爱无疑就是早恋了。可是从他们的爱情里，足以证明早恋并非都是不成熟、不成功的。欣爱学习，但不爱运动，身体瘦弱，认识了军后，她开始每天早上到操场跑步；军爱运动，可是不爱学习，从此后，教室里都能看见他孜孜以求的身影……

4年的中师生活就这样伴着他们爱的身影结束了，教室里，操场上，食堂中，大家每每遇到的，或是两个人并肩奋斗的浪漫，或是他们与朋友在一起时的温馨。通过他们，让人更加相信鲁迅的那句话：如果一个人没有能力帮助他所爱的人，最好不要随便谈什么爱与不爱。当然，帮助不等于爱情，但爱情不能不包括帮助。积极地爱着的人，连上天都会帮助他们。

中师毕业那一年，他们被保送入同一所大学。那一年，他们一个 20 岁，一个 21 岁。

在令人眼花缭乱的大学校园里，两个出色的人都不乏追求者，但他们始终不离不弃。恋爱中的人不可能没有摩擦，有时他们也会争吵，但在他们四目相对的目光里，却永远都有把对方纳入心底的那份执著的爱意。在共同奋斗的过程中，他们已经学会把信任和责任做为爱情的基础，把婚姻作为爱情的目标。

又过了 4 年，大学毕业后，他们在同一个城市打拼，并且步入了婚姻的殿堂。8 年的爱情长跑虽然到达胜利的终点，但他们的爱情却会一直延续下去。

这是一个极其平凡的爱情故事，主人公没有惊天动地的爱情历史，有的只是他们心中绵长的爱的涓涓细流。有人说，恋爱的时间越长，到最后就越容易分手，无数个事例证明了这一点。那是因为在爱情中他们付出了太多，得到的却太少。而这两位同学都是聪明人，他们学会了如何在爱情中使自己提升，他们互相帮助对方，互相吸取对方的长处；在甜蜜的爱情中，他们依然是清醒的，他们没有忘记周围的一切，他们各自都有朋友，并将自己的交友范围延伸到对方的领域里；他们都在爱情中保持着独立，重视对方，更没有忽视自己的发展。

爱情虽然是两个人的事情，但也没有必要时时刻刻腻在一起。有些人恋爱了，爱得昏天黑地，连周围发生了什么都不知道，更别说要让自己进步了，一个脱离了群体的人，是不可能进步的，毕竟两个人的世界太过狭小。其实，爱到深处，只要心心相印，却不必形影不离。古诗中不也说过，两情若是久长时，又岂在朝朝暮暮？真正的爱情会使人高尚，而不是在相爱时让自己或对方变得狭隘、自私。"爱情之中高尚的成分不亚于温柔的成分，使人向上的力量不亚于使人萎靡的力量，有时还能激发别的美德。"

爱情是生活中的重要组成部分，因此，"人必须生活着，爱才有所附丽。"

生活，绝不仅仅是活着而已。只有为生活做好了准备，爱情才会有开花结果的一天。因为你要好好地生活，所以你的爱情绝不应是使你萎靡的，而是使你振奋的。一个懂得爱自己的人，才会爱别人。学会从爱情中汲取力量来完善你的生活，爱情之花也会因生活而开放得更加鲜艳。

"爱情不会因为理智而变得淡漠，也不会因为雄心壮志而丧失殆尽。它是第二生命，它渗入灵魂，温暖着每一条血管，跳动在每一次脉搏之中。"

◎ 没有爱情的天空依旧灿烂

有恋爱就会有失恋。失恋就像一株美丽的花树上结出的苦果，恋爱时的光彩如昙花一现，曾经的绚烂当你还来不及欣赏时，它就已经凋零。留下的，只是一个人含泪品尝失恋的痛苦。面对失恋，没有人可以做到无动于衷。有人伤心绝望，有人从容镇定，有人重新振作起来勇敢地迎接明天。

2002 年某著名高校一个来自山区的新生小 A 在向一个比自己高一届女生求爱失败后，不堪承受失败的痛苦从学校最高教学楼上跳下去，结束了自己年仅 19 岁的生命。

小 A 在留下的遗书中写道：丽（求爱女生化名），没想到激励我走过复读一年的爱情到了现实中却成了虚幻。我一直把你看成是我的女朋友，但你却只是把我当成好朋友，我不能接受这样的现实，因为我的大学梦是因为有了虚拟的爱情才实现的。同样也只有现实爱情的力量才能帮我真正地度过大学时光。我来到大学，什么都没有，只有一个你——我心中永远的女朋友。我并不怀疑自己能够很顺利地读完大学，但到现在我才知道我一厢情愿地给它设置了一个前提：作为女朋友的你能够给我提供源源不断的动力源泉。我知道我们对待彼此的视角可能错位了，但是我就是无法绕过自己给自己设置的那道怪圈——我为了爱情付出太多，你知道我本可以上一个更好的大学，但是我没有去选择，因为你是我今生追寻的唯一目标。事既如此，此生还有何留恋……

在对待失恋的问题上，很少有人能泰然处之，除非不爱。恋爱容易使人迷失自我，而失恋却可以让一个人迷失整个世界。以上事件中的小 A，由于对爱情的期望值过高，当没有得到爱情时，一直活在虚幻爱情中的他，便完全失去了生活的方向，认为此生再无它意。从他的遗书中看到，他本来可以考上一所更好的大学，可是为了追寻自己臆想中的爱情，他宁愿退而求其次。而他的这种所谓的失恋，只不过是自己主观一厢情愿的想法，因为对方只当他是普通朋友。抛去他们有没有爱情不谈，单就这种为爱情改变人生目标，甚至放弃生命的做法，值得吗？

别林斯基曾经说过："如果我们生活的全部目的仅仅在于我们个人的幸福，而我们个人幸福又仅仅在于爱情，那么，生活就变成一个充满荒唐枯燥和破碎心灵的真正阴暗的荒原，炼成一座可怕的地狱。"有些人容易把失恋想象得过于痛苦，有时失恋其实并未给自身造成严重的心灵创伤。过度的挫败想象往往使人忽略了自身抵御失恋所带来痛苦的能力。如果把生活的全部目的都交给爱情，一旦失恋，生活必会失去意义。如果你是一个热爱生活的人，当你的爱情鸟飞走时，你该如果面对失恋？

俗话说，失去的总是最好的。一个人失恋后，会顿感昔日恋人一切都好。过去发生在彼此间的种种，失恋后看来都是那么的美好，认为自己这一生再也不会找到如此美好的爱情了。各种不良情绪会伴随而来，抑郁、挫败，对生活失去信心，感到前途不会再有光明……可是你有没有想过，在这个世界上，你总共才认识几个异性？凭什么就断定这个人是最适合你的？"塞翁失马，焉知非福"。你在20岁时所发生的爱情，往往都是青涩的，不成熟的，当你经历过这一时期后，将来某一天再次遇到爱情时，那时的你一定会觉得以前失恋所产生的痛苦，都是过分夸张的。

失恋并不可怕，"为了失恋而耽误前程是一生的损失""一切真正伟大的人物，无论是古人、今人，只要是英名永铭于人类记忆中的人，没有一个是因为爱情发狂的人。因为伟大的事业抑制了这种软弱的感情"。

失恋虽然痛苦，但它能激励意志坚强的人干出一番事业。一些流芳千古的文学家，失恋后却创造出了脍炙人口的名著。我国宋朝诗人陆游与表妹唐婉分手后，写出了《钗头凤》等著名诗词，德国和欧洲最重要的剧作家、诗人、思想家歌德在一次失恋后写出了《少年维特之烦恼》，小仲马失恋后写出了名著《茶花女》；科学家的失恋，更激励了他们早日成才。英国生物学家谢灵顿失恋后，努力攻读，后来在研究中枢神经系统方面做出了重要贡献，荣获 1932 年诺贝尔医学奖。一生两次荣获诺贝尔奖的伟大科学家居里夫人，19 岁时有过一次痛苦的失恋经历，可是她把暂时的不幸化为献身更大目标的动力，化为教育培养当地贫苦孩子的善心以及只身赴巴黎求学的勇气。人们认为，这是一次幸运的失恋，不是如此，人类将失去一位迄今为止最伟大的女科学家。

失恋并不意味着失去一切。对于年轻人来说，如果因为盲目的爱而把人生意义全部遗失，是最愚蠢的选择。当你还没有从失恋的痛苦中走出来时，天空当然是昏暗的，可是一旦你不再为失恋而烦恼，把精力投向学习和事业的发展，你会发现，在你的面前，还有更加广阔的天空。曾经，是爱情让你的目光变得狭小了。

有人失恋后一蹶不振，甘愿蜗居在心灵灰暗的一角，不愿意走出来，久而久之，对过去的一切要么痴迷不醒，要么全盘否定，因爱生恨的事也时有发生。过去的一切，毕竟是你所经历过的，无论谁对谁错，当初的日子都是美好的。你应该感谢对方曾经所给予你的一切，因为是他（她）让你懂得了生活，懂得了生活并不能一切如你所愿。你的成熟和成长，有他（她）的一份功劳。正如那首《分手快乐》歌里所写的：分手快乐/请你快乐/挥别错的才能和对的相逢/离开旧爱/像坐慢车/看透彻了心就会是晴朗的/没人能把谁的幸福没收/你发誓你会活的有笑容/你自信时候真的美多了。分手时，快乐地祝福对方，你也会变得开朗。

失恋是人生若干体验之一，他日，当你蓦然回首，会发现，它不过是你青春生活中的一段插曲。爱情固然重要，但失恋不失志，才是最明智的选择。只要你还在生活着，你的天空就依然是充满阳光的。

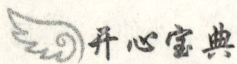

测测你最近的桃花运

以下有8道题目，你算算看你总共得到多少个A，多少个B，多少个C，数目最多的即是符合你状况的答案（如A、B、C其中两个数量一样多，显示你目前在两种状况中徘徊）。

1. 买东西时索要的发票可以参加抽奖，你通常都会如何处理这些发票呢？

　A. 中奖率太低了，不是给人就是丢掉

　B. 随便塞，时间到再找出来

　C. 好好收藏在固定的地方

2. 你本身喜欢跳舞吗？

　A. 很喜欢，很多舞步都会跳

　B. 不喜欢，没有舞蹈细胞

　C. 看心情吧，也只会一些简单易学的舞步

3. 逢年过节，如果要坐火车回家，通常你会：

　A. 先预购买票，免得到时跟人挤呀挤的

　B. 现场购票，把命运交给上天

　C. 提早或者推迟至较没人的时段回家

4. 你通常都是如何选购鞋子的？

　A. 名牌，设计师设计的鞋子

　B. 便宜，脚可以塞进去的鞋子

　C. 不会太贵，有特色的鞋子

5. 你本身是否有近视眼呢？

　A. 有，不过我多半戴隐形眼镜

B. 有，每天眼镜鼻梁高高挂

C. 没有或度数很浅，不戴眼镜

6. 你的眼睛很大吗？

A. 正常适中，不会特别大

B. 很小，人家常提醒我别"睡着"

C. 我有一双水汪汪的大眼睛

7. 你本身是否是个爱笑的人？

A. 会保持笑容，也会保持优雅

B. 比较正经，有人说过我不苟言笑

C. 很爱笑，常常一笑就没有节制

8. 根据经验，你认为内在美与外在美哪个较重要？

A. 外在美会比较重要

B. 内在美应该比较重要

C. 两个都一样重要

答案：

A 最多：恭喜你！你目前红光满面，桃花运极佳，身边有很多追求者或爱慕者，也有很多选择的机会。只是你也容易因为受到异性的青睐而显得骄傲、得意忘形，甚至自抬身价，忘了自己本来的面目，也忽略那些陪你一路走来的朋友。

现在的好不代表永远的好，朋友却可以是一辈子的朋友。选择变多使得你的眼光变高当然是无可厚非，只是也要多多注意身边的老朋友。爱情不是选择一个最好的，而是最适合你的人。这么一来，你的爱情也将幸福到永久。

B 最多：不想给你泼冷水，只是你的桃花运一直都不怎么好。就算身旁出现了对你示好的异性，恐怕也只是三分钟热度，没两三天就又打回原形，让你常常大喊"春天到底在哪里"虽然很想谈场恋爱，你也只能一天比一天着急而已。

想要爱情就多改变自己给人的外在形象，让人直呼你真的不一样了。别以为外在就不重要，也别再迷信什么真心做自己就有人会看得到，好好表现自己，多秀秀自己的优点才是正经。虽然没有桃花，你的爱情却是最为稳定长久。

C最多：你的桃花运其实还不错，只是有时候你实在表现得太做作、太矜持，喜欢掩饰自己的感情，隐藏自己的感觉。导致人家就算真的对你有意思，可能也会因为猜不到你的心意而却步不前，甚至做罢。自己做的事只好自己承受。

又要马儿好又要马儿不吃草，心里想吃苹果却偏偏告诉人家你想吃香蕉。不了解你的会猜得到你心里想的那才真有鬼。学会顺其自然，学会大方表现感情，也许你的恋情一下子就到来。通常你的恋情会发生在老朋友身上。

◎ 错误的婚姻是生活的坟墓

婚姻是爱情的归宿，人世间一切正常的爱情都应是以婚姻为目的的。虽然人人都知道婚姻要以爱情为基础，在步入结婚礼堂的那一该，人人都是幸福的。但是人类社会依然存在那么多不幸的婚姻。由那些不幸的婚姻导致的恶果，会为自己，为家人，甚至为人类社会留下遗憾。

俄罗斯文学之父普希金，又被誉为"俄罗斯诗歌的太阳"。在一次舞会上他结识了"莫斯科第一美人"娜坦丽，普希金立刻被她的美貌所倾倒，开始狂热地追求。婚后不久，他们在散步时与沙皇尼古拉一世不期而遇。沙皇也立即被娜塔丽娅的天姿国色迷住，为了能够经常在宫里见到她，便赐给诗人一个宫廷侍卫的头衔。普希金对此极为愤怒，因为这种头衔通常只授予贵族少年，而且为此还必须经常带妻子参加宫廷的各种节庆仪式。这使诗人的自尊心大受伤害。而娜坦丽却丝毫不支持他的事业。她经常出没于宴会和舞场，整天周旋于上流社会的社交活动。在与妻子共同生活的7年间，普希金曾经3次濒临决斗的边缘，但都以坚韧的克制力打消了念头。每当诗人收到那些关于他妻子的匿名信时，他感到的不是妒忌，而是人格上的侮辱。最后，普希金与妻子的情人决斗。结果，一颗子弹打入诗人的胸膛，诗人死于妻子情人的枪下，普希金年仅38岁。

错误的婚姻是人生的坟墓。普希金的事例比较典型，这种一见钟情式的爱情，缺乏互相理解、支持、信任的基础，最终葬送了自己的事业和生命。当然，现实生活中也不乏一见钟情后婚姻美满的例子，但只能说那是运气好，而且是少数。一般来说，一见钟情是盲目的，在不了解对方性格、品德的情况下，仅凭外表就产生了狂热的爱情，这种感情必然是不可靠的。娜坦丽容貌惊人，使普希金一见倾心，但是她们却并不志同道合，婚后，每次普希金读自己写的诗给她听时，她总是不耐烦地捂起耳朵说："不听！不听！"相反，她却总是要求普希金陪她游玩，参加晚会、舞会。普希金为了娜坦丽创作日趋枯竭，还弄得债务高筑，甚至还为了她和别人决斗而牺牲了生命。这种因光环效应而产生的爱情，不但没有维持长久，还让一颗文坛巨星过早地陨落了。一个人的外表，并不能代表他的智慧和品格。婚姻，决不应以盲目的爱情为基础。

普希金没有处理好爱情和事业的关系，最后还丢掉了性命。在现实生活中，很多年轻人也会犯同样的毛病，不会处理爱情和学业、事业的关系。一旦"遭遇"了爱情，便忘记了自己要为之努力奋斗的目标。丢掉性命倒不至于，久而久之，却难免断送自己的前程。要知道，真正美好的爱情，应是你成功的助力和激发你奋进的动力，而不应成为你前进道路上的绊脚石。

要想获得婚姻的成功，首先就应认清怎样的爱情是你所需要的，什么样的爱情才会有好的结局。如果你的爱情正处于以下情形中，那就需要考虑一下是否要分手了。

单恋。你觉得你是在恋爱，却不知道对方是否爱你。你觉得你们很合适，可对方却不以为然。这样的爱情是不均衡的，因为爱情是两个人的事，双方只有在同样付出的情况下，才能长久维持下去。如果只是你在乎对方，长久下去，你会觉得爱的饥渴，会产生一种受到控制的想法，这样的爱情不会长久。

同情或可怜。相处的双方，如果有一方是因同情或可怜另一方而引起了帮助或保护的欲望，这是一种感情的施舍，而不是平衡的爱情。相爱的双方，必须要互相尊重，互相以对方为荣，互相了解和理解。

你爱的是他（她）的外在条件。真正的爱情是以心灵的契合为基础的。如果你现在爱的只是对方的外在附加因素，而不是心灵、品性等可以长期保持稳定的内在因素。那么你们之间的感情迟早会走向终结。正如罗兰所说的，当两人之间有真爱情的时候，是不会考虑到年龄的问题，经济的条件，相貌的美丑，个子的高矮等等外在的无关紧要的因素的。假如你们之间存在着这种问题，那你要先问问自己，是否真正在爱才好。

注定没有结果的爱情。第三者插足似的爱情，是世界上最不明智的爱情。当对方或你自己不是自由身的时候，除了自己目前的爱人外，与其他人最好免谈爱情。这是对爱情的亵渎，也是对自己和他人不负责任的做法。爱情只能是一对一的。陷入这种三角恋情，无论你有什么借口，最终的结果都是一样的，你注定会心碎。

在这个世界上，糊里糊涂的爱有很多。爱情本身很美好，当它降临到一些人的身上，却被人们赋予了它很多虚假的外衣，当你恋爱时，千万不要被爱情华丽的外表所迷惑，而仅停留在它的表面。你要认真地想一想，你目前爱着的这个人，你是否愿意与他共度一生，无论在什么样的条件下。如果仅仅是为了恋爱而恋爱，或者只图一时的快乐，而将来什么样却无所谓，那么就不要再浪费时间。因为可以让你充实的方法有很多，可以用来消磨的时间却不多。

现代年轻人群的离婚率普遍提高，这与双方不负责任的态度有很大关系。因为一时冲动而结婚，没有考虑过对方是不是自己真正需要的人。婚姻是人生旅途中的一件大事，家是一个人温馨的港湾，有了它，人们的心灵和身体才会有所依托。你要结婚，必定是因为你需要这样一个港湾，而在这里，爱人是唯一可以让你依靠的人，你们彼此相知、相惜，互相帮助、扶持……一个真正的爱人，必定也是你的知己，因为"长相知，才能不相疑；不相疑，才能长相知"。只有在生活中甘苦与共，在事业上志同道合，才会成就美满的婚姻。

婚姻是爱情的归宿。只有因爱情的成熟而诞生的婚姻，才会使人幸福。

激情碰撞

如果婚姻也可以测验

那些准备结婚或已经结婚的男女，不妨测测以下问题，看看你们的婚姻是否稳固。（请答"对"或"错"）

1.我们会因为同样的笑话开怀大笑。

2.我们中的一个人如果给自己的父母送去一些钱或礼品，另一个人会表示出反对或不理解。

3.只要是和我的爱人在一起，就算被困在荒岛上几个星期，我也心甘情愿。

4.在哪里吃饭比吃什么更难以让我们达成一致。

5.我为我爱人的职业感到骄傲。

6.如果有机会去海边，我们中会有一个人兴奋地去冲浪，另一个人则宁愿躺在海滩上晒太阳。

7.对于那些傍大款、富婆的人，我们都会表示厌恶。

8.制订计划的时候，我们中的一个人会郑重其事地找出记事本，写在上面，另一个人则常常是随手抓一张废纸，用它的背面。

9.我们对当前的一些时髦现象，如染彩色头发、穿露脐装等持有共同的态度。

10.我们中的一个人爱好方便面和汉堡，另外一个则对营养和美食颇有研究。

11.对于一些有争议的问题（比如同性恋婚姻、是否可以克隆人……）我们持相同的立场。

12.我们中的一个人习惯把内衣叠好，整齐地放进抽屉，另一个人则只是随便地把它们塞进去。

评分标准：

1、3、5、7、9、11 题选"对"每题得一分，选"错"不记分。

2、4、6、8、10、12 题选"错"每题得一分，选"对"不记分。

得分在 7—12 分，说明两人在生活中共同点较多，对稳定婚姻十分有利；得分在 4—7 分，说明两人要相互调整，努力适应对方；得分在 4 分以下，说明婚姻中暗礁较多，危机四伏。

第六章
命运这场戏，我来做主角

其实 20 岁不能算什么分水岭，并不是今夜你吹灭了 20 根蜡烛，明天早晨镜子里就再也不会出现"青春美丽疙瘩痘"了。20 岁零 1 天的你依然会在这不大不小的城市里留下你的印记，依然会以你的方式在继续着和世界的打拼，依然会绽放如花的笑容看潮起潮落，依然梦幻着你的梦幻，潇洒着你的潇洒……

◎ 做自己情绪的主人

卡耐基说："学会控制情绪是我们成功和快乐的要诀。"情绪能主导人的生活。一个人能否理智地控制自己的情绪，在一定程度上决定了他能否成功。大凡在某个领域取得一定成绩的人，除了天赋和智力等因素，在情商的某个方面，也必然有过人之处。

年轻人涉世不深，缺少生活经验，面对学习、就业、人际交往、环境适应等等各方面的压力，极易产生情绪上的波动。适当的在一定范围内的情绪波动是正常的，但如果超出一定的范围，如不能及时加以控制，就会对生活造成严重的影响。因为当你愤怒时，必然会说出一些过激的言词。一个人在愤怒的时候是不理智的，语言未经大脑的思考，伤害身边的人在所难免。

在这个世界上，每个人都不能脱离群体而独立生存，一个经常无法控制自己情绪的人，很难交到朋友，因为他们动辄发脾气，有时候甚至是鸡毛蒜皮的小事，也能引起他情绪上的极大波动，将人际关系激化。没有人会愿意经常面对一个反复无常的人。说出去的话就像泼出去的水，永远也不可能再收回来，即使过后你能真诚地道歉，但是曾经因为言语留给他人的伤害，也是很难完全抚平的。

坏情绪就像一把双刃剑，当人们不能控制自己的情绪时，伤害的不仅是别人，也会给自己的身心带来极坏的影响。现在回想起来，笔者对自己曾经在工作中的一次情绪失控，仍然心有余悸。记得有一次和我的同事探讨一件事情，那是由于工作中各方面的关系没有协调好，以至带来了一些坏的结果，当时他似乎有意要把责任完全推到我的头上，当然事实并非如此。

可那时的我就像失去理智，完全没有认真思考事情的来龙去脉，只因同事的几句话刺痛了我过于敏感的神经，我便大发雷霆，丝毫不讲情面地摔门而去。那时感觉上好像是自己出了一口恶气，可是我发觉我很快就后悔了，而且非常懊恼。因为在那之后我觉得自己失去了一件非常重要的东西，心底空荡荡的，接连几个晚上失眠，整天精神恍惚。在那些失眠的夜里我开始认真思考，竟然找不出任何在当时可以愤怒的理由。我突然觉得自己是一个很差劲的人。再后来，我真诚地向那位同事道歉，在得到他的原谅后，内心的波澜才得以平复。事情过去很久了，每次回忆起来我都觉得很对不起那位同事，因为那件不足以引起我愤怒的事情，也同样给他带来了困扰。

在那件事以后，我开始有意识地控制自己的情绪，发现这并非难事，只要自己有意识地去做，久而久之就会养成一种自控的习惯，所谓泰然自若，那是一种美妙的感觉。而且我明白了一个道理：愤怒不能解决任何问题，它所带来的只能是伤害。在面临并非原则性问题时，情绪的失控，只能说明你不够成熟，不够稳重，是因为你内心的自卑才导致无法平静地看待所发生的一切。一个处变不惊、能够很好地控制情绪的人，必然是一个内心强大的人。

人之所以比动物高级，就是因为人和动物有着同样的本能，但人却可以进行自我控制。要做一个高级的动物，首先必须学会自我控制。一个暴躁、易怒、冲动的人，只会让事情变得越来越糟。如果你还不知道如何进行自我控制，下面这则故事或许可以给你一些启示：

一天，陆军部长斯坦顿来到林肯那里，气呼呼地对他说一位少将用侮辱的话指责他偏袒一些人。林肯建议斯坦顿写一封内容尖刻的信回敬那家伙。

"可以狠狠地骂他一顿。"林肯说。

斯坦顿立刻写了一封措辞激烈的信，然后拿给总统看。

"对了，对了。"林肯高声叫好，"要的就是这个！好好教训他一顿，真写绝了，斯坦顿。"

但是当斯坦顿把信叠好装进信封里时，林肯却叫住他，问道："你干什么？"

"寄出去呀。"斯坦顿有些摸不着头脑了。

"不要胡闹！"林肯大声说，"这封信不能发，快把它扔到炉子里去。凡是生气时写的信，我都是这么处理的。这封信写得好，写的时候你已经解了气，现在感觉好多了吧，那么就请你把它烧掉，再写第二封信吧。"

当一个人愤怒的时候，他所想到的不会是如何解决问题，而是发泄自己心中的怨恨。林肯之所以不让斯坦顿把信寄出去，就是因为这封信肯定会伤害到对方，以致激化矛盾。斯坦顿把自己的不满都写在了信上，愤怒的情绪得到了发泄。林肯提出了一个很好的建议。要想让自己控制住情绪，当情绪失控的时候，一定要对事不对人。否则将会带来更多的麻烦，你的坏情绪无疑是对原本就有些混乱的局面的雪上加霜。

世界上的很多事情，并非如我们所想象的那样后果严重，只是你把它看得过于严重了。现在有些年轻人，每当遇到让自己感到不满的事情，很容易在瞬间爆发，有时甚至话不投机就大打出手。生活本身是多姿多彩的，这种多彩会让你品尝到酸、甜、苦、辣各种滋味，生活中也并不全是美好的事情，但是如果你能适时地控制情绪，将大事化小，小事化无，你就能更多地得到别人的认同。就像格言中所说的那样：在成功的路上，最大的敌人并不是缺少机会，或是资历浅薄。成功最大的敌人是缺乏对自己情绪的控制，愤怒时，不能制怒，使周围的合作者望而却步；消沉时，放纵自己的萎靡，把许多稍纵即逝的机会白白浪费。

俗话说，冲动是魔鬼。一个不能控制情绪、无法理智地处理事情的人，或迟或早会在人生中遇到麻烦。不良的情绪，甚至会给人生带来灾难，这不是危言耸听。有的人以为当他人向你示威，或者当你受到别人的指责却还无动于衷是懦弱的表现，却不知嚣张的气焰才是内心空虚的表现。不要把偏激理解为个性，真正有个性的人应该是那些具备宽容、大度、真诚等美好品质的人。真正的个性应该是自立、自强、有独立见解，而不是狭隘、自私、固执己见。

总之，你要想成为一个受欢迎的人，就一定要学会控制自己的情绪，遇到要让你发怒或产生焦虑感的事情时，先冷静地思考如何解决问题。当自己无法控制而必须要发泄时，就找一些适合自己的方法，或向朋友诉说，或者把不满写在纸上，及时疏导自己的情绪，以免伤人伤己。有一天，当你学会了做自己情绪的主人时，证明你已经真正地成熟起来了。能够以理智的眼光对待生活中的一切事情，你就已经开始迈出了成功的第一步。

◎ 心态决定成败

一个人生活得快乐与否，与心态有很大关系。时刻以乐观的心态去面对生活的人，总是能从平淡的生活中寻找到乐趣；时刻以积极的心态去看待事物的人，总是能够从不可能中找到可能，从失望中找到希望。心态更是在一定程度上决定了一个人能否成功。有一句格言将心态与成功的关系描绘得很到位：成功者看问题后面的机会，失败者看机会后面的问题，没有一种预言比自己对失败的预言准确。首先在心理上认定自己会失败的人，必败无疑。

李强是某师范大学体育系即将毕业的大四学生。近年来随着高校的扩招，毕业生数量在急剧增加，大学生面临着严峻的就业问题。体育向来是比较冷门的专业，因此对于李强和他的同学来说，找工作成了一件非常困难的事情，他们跑遍了附近的大小招聘会，仍然一无所获。在毕业前夕学校举办的一次招聘会现场，同学们看到了一所来自南方某省会城市的重点高中贴出的招聘启示，上面涵盖了几乎除体育专业的其他各个专业，这令体育系的同学们更加沮丧，很多同学看到此景纷纷退出招聘会，在现实面前他们完全丧失了信心。可是李强不甘心，他真的太想去那所重点高中做教师了。强烈的愿望驱使他鼓起勇气走向招聘人员，他只是抱着试试看的心态与该校负责招聘的领导攀谈起来，不过这一次他没有首先报出自己的专业。虽然李强的专业是体育，但平时他并没有疏忽自己在文化方面的积累，很快，那位招聘人的眼里流露出了赞许的目光。当李强说明自己是体育专业时，对方显然很吃惊。不过他笑着对李强说："我们这次来招聘的教师里面几乎包括你校所有的专业，唯独体育我们是可招可不招的，所以没有把它写出来。但是你很符合我们的要求，不知道你是否愿意到我校来工作？"就这样，李强以积极的心态意外地赢得了这个职位。

每个人都是他自己机遇的制造者。积极的人会努力去尝试在别人看来不可能有结果的事情，因为在他们看来，即便没有收获，也不会损失什么，至少努力了就不会后悔。事实确实如此，那些总是早早就放弃的人，注定一生庸庸碌碌。因为很多时候，机会并不会迎面朝你走来，而是隐藏在某些失败或挫折的背后，如果你不能克服困难，那么至少绕过困难，换一种心态去面对，换一种方式去思考，而不是在困难面前止步或消沉下去，就会找出机会，取得成功。上述事例中的李强，他是没有办法改变自己的专业的，如果一味地因此苦恼下去，工作也不会主动送上门来。与其整日因为自己无法改变的事实而自怨自艾，在困难面前忘而却步，不如以轻松的心态放手一搏，所谓无心插柳柳成荫，有时候，事情的成败往往取决于你对它的态度。在这个世界上，没有什么事情是绝对不可能的，只要你肯积极去面对，总会守得云开见月明。

一个拥有积极心态的人，事事都能够用积极的态度去面对。能够把每一次无论是失败的还是成功的经历，都看成是一笔财富。在挫折中看到它积极的一面。"乐观本身就是一种成功。"如果你想要过一种轻松的生活，如果你想取得成功，那么积极的心态必不可少。同一件事情，不同的态度会导致不同的结果。比如有人对你提意见，你很感谢他，相信他是因为想要帮助你才会给你建议，这就是积极的态度；相反，如果你认为这个人提意见是因为对你有看法，你要想办法报复，那么这就是消极的态度。显然，前者可以让你与人为善，容易建立和谐的人际关系；后者则会制造矛盾，使人际关系紧张。两种结果恰好相反，你选择了用怎样的心态去面对，你就得到怎样的结果。年轻人最忌讳的就是以消极的情绪对人对事，所谓以小人之心度君子之腹，就是如此。即便对方有意针对你，你能够一笑置之，对自己也未必是坏事。

用积极的心态面对生活，还表现在对待学习和工作的态度上。很多年轻人看待事物时容易把自己限定在一个狭小的视域范围内，而看不到更高层次的意义。这与自己所追求的目标有关，如果你觉得你的一生只要衣食有所保障就足够了，那么这个目标很容易实现，因为一个乞丐只要稍微付出一些努力，也不至于饿死。如果你想要在人生中收获更多，那么就从现在起敞开心胸，换一种真正积极的态度去面对你所从事的一切活动。

如果你在从事一件工作，无论你是否喜欢，只要你在做，就把它当成自己的事情来做。你知道，为自己做事和为别人做事，是两个不同的概念，你从主观上所付出的努力，也会完全不同。有些刚刚走上工作岗位的人，会因为是在为别人打工，每天只是应付了事，领导安排什么就做什么，从不会积极主动去思考，也不会主动为公司着想，提出更好的建议。甚至因为工资而斤斤计较，给多少工资就做多少工作，绝对不做多余的工作。一个只把眼光放在目前那点工资上的人，永远也不会赚到更多的钱，要知道，在创业阶段，你所获得的工作能力要远远比工资重要。如果你一直把自己当作打工者，而不是真正站在主人的角度去为这份事业着想，那么你将永远是个打工者。学习不仅仅是为了通过考试，工作也不仅仅是为了赚钱。这些只是最初级的目标。一个消极的人，就只能把目光停留在这个目标上。

生活并非人们所想象的那样复杂。也许，换一种态度，人生就可能变得不一样。心态是你唯一可以完全掌握的东西，因为"你改变不了事实，但你可以改变态度。你改变不了环境，但你可以改变自己。你不能选择容貌，但你可以展现笑容。你不能左右天气，但你可以改变心情。你不能预知明天，但你可以把握今天。你不能样样顺利，但你可以事事尽力。你不能延伸生命的长度，但你可以拓展它的宽度。你改变不了过去，但你可以创造未来。你不能控制他人，但你可以掌握自己。"这段在今天人们常常用来激励自己拥有积极心态的格言，仔细体会，会对你改变心态有所帮助。

◎ 事事都积极去面对

俗语说"人生不如意事十有八九",人一生中不会总是一帆风顺,难免会遭遇挫折和不幸,也难免会遇到不称心之事,而这并不重要,重要的是你如何面对。人并不是天生注定要成为他情绪的奴隶或者说是他喜怒无常的心情的牺牲品,关键在于人是否能履行他作为人应当履行的义务和人是否能控制他的情绪。人类本来就是主宰,生来就是自己的主人。

很多二十几岁的年轻人总爱把希望寄托于未来,总是说自己将来能怎样怎样,但当遇到挫折时,却立刻退缩和放弃。这些年轻人是否曾经想到,如果今天不努力、不用积极的心态去面对困难的话,又拿什么去把握和保证未来呢?积极与消极的心态,犹如一枚硬币的两面,须臾不分,重要的是怎样让积极的一面充满你的心,催你奋进、助你成功。

陈安之国际教育培训机构的总裁陈安之,12岁时跟随亲戚到美国读书,由于生活贫困,他不得不到外面从事各种工作。为了赚钱养活自己,他做过餐厅的服务员,卖过饮水机、汽车、化妆品、电话卡、超市折扣券、巧克力等。

那时候,他最大的愿望就是能赚到更多的钱,不过,直到21岁时,他的银行账户仍旧没有任何的存款。面对这种情况,他并没有向现实妥协,也没有放弃自己的梦想,而是考虑如何找到更好的赚钱方法。正如他本人所说:"我从17岁开始就非常渴望成功,并不断地寻找成功的方法,研究为什么有些人会成功。我阅读各种帮助别人成功的书籍,上过许多帮助别人成功的课程,最后,我遇到启蒙老师安东尼·罗宾,这才真正找到成功的方法。"

陈安之 25 岁时，他在台湾成立了陈安之研究培训机构。当时，他每个月只赚到一万新台币，办公室非常小，公司连复印机都没有，当电视台来他公司专访时，发现他的办公室竟然连摄影机都没办法推进去。那段时间，他每天都吃炸酱面和白吐司，而且一吃就是一年。

不过，随着时间的推移，他的事业开始越做越大。两年后，他的著作在亚洲畅销千万本以上。这时候，27 岁的陈安之已经成为亿万富翁。他的成功，除了不断地学习之外，积极向上的心态也是一个非常重要的因素。

有些人之所以失败，与心态有很大的关系。他们遇到困难，总是试图给自己找好退路，总在心里不停地告诉自己："我不行，还是放弃吧！"进而导致陷入失败的深渊。但对那些抱着积极心态的人来说，他们总会不停地鼓励自己，想尽办法要成功，他们总会不停地提醒自己："我一定会成功的！坚持下去，一定会有办法解决的！"于是，他们不断地迫使自己前进，进而攀上成功的高峰。

没有人会主动把成功送给我们，所有的成就都要靠我们自己去争取、去努力。不要只在意眼前的得失，在 20 多岁时，我们要做的，并不是傻傻地待在那里等待着三十而立。我们应该积极地为自己的梦想打拼，为三十而立打下一个坚实的基础，只有这样，在 30 岁时，你才能真正地立起来！

有的人面对挫折会选择压抑自己的情感，可他是否知道压抑自己的情感好比压气球终会因受不了而爆炸。有人会选择幻想，当生意失利时，他会梦想自己买股票，一日之间成为百万富翁，这可能吗？这些不切实际的想法只会让你越陷越深。那你可要问了，这也不行，那也不行。究竟该如何？

不妨试试下面这些小方法，认真去按照提示的去做，帮我们彻底摆脱消极：

1. 保持乐观情绪，经常大笑，抒发自己的情感。俗语说得好："笑一笑，十年少；愁一愁，白了头。"为了我们的健康，大笑挺不错的。

2. 坦然面对现实，即使面对失败，也不要害怕，你要知道你并不是失败了只是还没有成功罢了。

3. 抛弃怨恨，你要知道恨一个人容易，爱一个人难。所以你应当敞开你的胸怀，用一颗宽广的心去爱人，也许你会说我做不到，但你可以尝试一下，兴许会有意想不到的收获。

4. 富有幽默感，偶尔开开玩笑，可以舒缓压力，增添生活乐趣。

5. 善于发泄自己的情绪，开心时笑，悲伤时哭。不要以为哭很丢脸，其实当过度痛苦和悲伤时，放声痛哭比强忍眼泪要好，研究证明，情绪性的眼泪和别的眼泪不同，它含有一种有毒生物化学物质，会引起高血压，心跳加快和消化不良，所以当哭则哭。记住眼泪不是女人的专利，有首歌不是说"男人哭吧哭吧，不是罪"嘛。

人皆过客，匆匆百年。来去空空，此生欣然。面对这短暂人生，我们为何不积极坦然面对呢？我们要做自己的主人，要让生活充满阳光，要相信明天又是美好的一天！

◎ 心之所想，行之所依

　　梦想是深藏在人们内心深处的最深切的渴望，是你成就事业的原动力，梦想能激发你生命中的全部潜能。梦想不是理性的计算，梦想是一种情绪状态，这种情绪的状态是以热情的方式展现的。这种热情可以让你创造出无法想象的奇迹。

　　在古希腊的神话中、在中国的古代小说中，都曾经有着人能像鸟儿一样地飞上蓝天的故事。但限于当时的科学条件等种种因素，人们飞上蓝天始终只能是一个美丽的梦想。既然是一个梦想，那么就有可能会实现。

　　韦伯·莱特生于1867年4月16日，他的弟弟奥维尔·莱特生于1871年8月19日，他们都出生在美国，是20世纪最著名的发明家。他们在童年时就曾经利用邻居店里的坏车，改制成可以使用的人力运货车。1894年，他们还开设了一家自行车店，改装和修理自行车。奥托·里林达尔试飞滑翔机成功的消息使他们立志飞行。

　　1896年里林达尔试飞失事，促使莱特兄弟把注意力集中在飞机的平衡操纵上面。他们特别研究了鸟的飞行，并且深入钻研当时几乎所有关于航空理论方面的书籍。这个时期，航空事业连连受挫，飞机技师皮尔机毁人亡，重机枪发明人马克沁试飞失败，航空学家兰利连飞机带人摔入水中等，这使大多数人认为飞机依靠自身动力的飞行完全不可能。而莱特兄弟却没有放弃努力。

　　1900年至1902年期间，莱特兄弟除了进行1000多次滑翔试飞之外，还自制了200多个不同的机翼进行了上千次风洞实验，修正了里林达尔的一些错误的数据，设计出了较大升力的机翼截面形状。

1903年，莱特兄弟制造出了第一架依靠自身动力进行载人飞行的飞机"飞行者1号"。同年12月14日至17日，"飞行者1号"进行了4次试飞，地点在美国北卡罗来纳州基蒂霍克的一片沙丘上。第一次试飞由奥维尔·莱特驾驶，共飞行了36米，留空12秒。第四次试飞由韦伯·莱特驾驶，共飞行了260米，留空59秒。

这架航空史上著名的飞机，现在陈列在美国华盛顿航空航天博物馆内。莱特兄弟的巨大贡献就在于实现了飞机依靠发动机功率和螺旋桨推力载人飞行。

莱特——一对传奇式的兄弟，是他们真正意义上实现了人类能够翱翔蓝天的大梦想！试想：莱特兄弟当初连想都不敢想，那他们还会去做吗？

一个人总得有自己的梦想，因为有梦想才会有追求，有梦想才会有发展。特别是对于那些不满现状、胸怀大志的人来说，你就更应该给自己的人生制定一个远大的目标，然后努力地去拼搏，逐步地向目标逼近。

均瑶集团掌门人王均瑶曾经向媒体朋友透露过一个小秘密：年幼的王均瑶自从第一次看过电影之后，就一直渴望自己能拥有一台幻灯放映机，可以为自己深爱的家人播放幻灯片。这个小小的心愿这么多年来他一直珍藏着。后来，王均瑶真的购买了一台黑白的老式胶片的放映机。有了这个放映机，王均瑶就拿着它去上海康桥父母家中放给母亲看，还带着它到三峡，播放给三峡的朋友观看。这就是因为他年幼时的梦想与执着。成功属于敢于梦想，敢于追求自己梦想的人。

温迪国际公司创始人、商务经理戴维·托马斯是一个敢于梦想，敢于追求梦想的人。他在世界各地拥有4300家快餐店。

在戴维·托马斯12岁时，他们全家迁到田纳西州的诺克斯维尔，为了获得一份工作，他设法使一位餐馆老板相信他已经年满16岁，最终获得了那份报酬为每小时25美分的便餐柜台招待工作。餐馆老板弗兰克和乔治·雷杰斯兄弟是希腊移民。他们对戴维·托马斯说："孩子，只要你愿意努力尝试，你就能为我们工作；如果你不努力尝试，也就不能为我们工作。"

老板所说的努力尝试包括从努力工作到礼貌待客等一切内容。当时通常的小费是 10 美分硬币。但如果他能很快把饭菜送给顾客并服务周到，有时就能得到 25 美分小费。戴维·托马斯对此充满了激情。他希望自己能够做得最好，结果，他成功了。他清楚地记得，在一个晚上，他为 100 位顾客提供了优质服务！而这正是因为戴维·托马斯心中有一个强烈的成功的梦想。

网易创始人和首席架构师丁磊说："一个年轻人首先要有理想和目标，虽然每个人的天赋有差别，像我也感觉自己在技术方面爱动脑筋，有一点聪明之处，但如果没有积极进取，没有在技术方面不停摸索，我也不会有熟能生巧的本领和一些创新。尤其一个大学生离开了学校之后，一开始会感到非常迷茫，到某一家工作单位以为那就是自己的归宿，但重要的是要怀抱理想，而且决不放弃努力。"

正是带着这种理想和梦想，丁磊在创业的过程中表现出了极大的专注。"在广州创业时，公司除我之外只有 3 个员工。他们家都在广州，每天最晚 9 点就回家了。我一个人趴在电脑前要工作到凌晨 1 点、2 点，就连坐在飞机上或者坐在出租车上，甚至是吃饭时，我想的都是 Internet。女友对我这一点非常反感，说我心不在焉。但我认为，正是这样勤于思索，很多事情才能想通。那时除了思考在一些重要的技术环节上突破原来的算法提高效率之外，我还要关心公司的经营模式、市场推广、销售方式等。好在我遇到了一批非常好的同事。如果我有一个好的创意，我会把它像扑克牌一样摔在桌子上，让大家觉得这样的组合很好，然后一起把事情做成。"丁磊这样说自己。

马云也表示一定要有激情，"干任何事情必须有激情，没有激情什么事情也干不好。阿里巴巴的六脉神剑一条就是激情。"

宁可因梦想而忙碌，不要因忙碌而失去梦想。从来也不去梦想的人，

生活必定平淡庸俗。只有你列出具体的、阶段性的目标，你才能一步一步
走向自己的梦想。正如英国盲人教育大臣戴维所说："只要有梦想且不断地
追寻，你就能够梦想成真。"

◎ 像成功人士那样去思考

以前说，知识就是力量。现在说，思考就是力量。这并非否定知识的重要性，而是要强调思考与知识同样重要。很多人没有意识到思考的重要性，因为它是一个相对比较抽象的概念，较之具体行动来说，思考是无形的，而且它也不像行动那样让人容易看到结果。思考的结果是通过行动来取得的。

灵子是从25五岁之后才开始学会思考的，而且直到今天她才意识到，如果自己能在20岁，或者更早一些的时候学会思考，或者说学会正确地去思考，那么一定会比现在生活得更好。现在很多大学生或者初涉职场的年轻人，看似整天忙忙碌碌，兢兢业业，实际上除了把自己变成了学习或工作的机器，其他并无太多收获。是因为思维方式发生了错位。如果你整天忙碌得像个陀螺，却没有取得更好的成绩，那就应该试图改变一下现状了，换一种思考的方式，对你一定会有帮助。

正像有的成功人士所说的那样，如果你想成为什么样的人，那就要先像那样的人一样思考。就像士兵要想成为将军，就要用将军的思维方式去思考。你要想成为成功人士，就要像成功人士那样去思考。

伟大的思想能变成巨大的财富。一个不善于思考的人，永远也不会得到优于别人的想法和点子，那么成功也就望尘莫及。爱因斯坦和牛顿的伟大成果，都是思考的结果，但你不要学他们，这样的天才古今中外上下几千年也出不了几个。我们所要学习的是平凡人的思考方式，但我们要获得不平凡的思想。做不做是一回事，而想不想又是另外一回事。有很多人在学生时代就已经开始思考如何获得成功，事实证明，这样的人也能够早于他人提前获得成功。

一个人如果整天只顾着行动，而不会静下心来想一想，那就只是个劳碌命。孟子所说的"劳心者治人，劳力者治于人"，现在不应仅仅解释为脑力劳动与体力劳动的区别，很多脑力劳动者也是"治于人"的，现在很多高学历的人才，就是脑力劳动者，但是仍然在企业里为人打工，而他的老板未必有多高的文凭，甚至也可能没有多少文化。其实这无可厚非，因为这些老板决不可能是头脑简单、四肢发达的人，他们不见得有能力去做实际的工作，但至少他们有想法，也知道怎样把想法变为实际，去管理有工作能力的人。

有位朋友曾经说："我不要只做一个被上保险的人，我要成为给别人上保险的人。那样活着才有意义。为些，我每天都在思考，我的一切思考活动都是围绕这个目标而展开的。"虽然他只有20几岁，可已经做上了一家大型企业中层领导的职位。现在有些人其实就只满足于有工作、有保险。

有个女孩叫小微，大学毕业后在一家公司服务了3年，那是一家刚刚开始起步的公司，在管理方面还不够规范。工作的前两年，她一直因公司没有为她买保险而耿耿于怀，为此事屡次与老板交涉，而且因为如此，她只做份内的事情，从没有为公司的发展壮大多思考过一点点。到了第3年，公司的经营模式逐渐走上正轨，也为每位员工参加了社保。小微因此庆幸不已，心想自己终于熬到了这个出头之日。可就在得此待遇不久后，她却意外地被公司辞退了。原因很简单，在这3年中，她因为不满足于所受待遇，经常去其他地方面试，寻寻觅觅，但一直没有找到让她满意的工作。可是她也因此忽视了她现有的工作，这3年她是在张望中度过的，几乎没有积累到任何工作经验，在本职工作上也没有突破，在公司逐渐壮大后，她仍在原地打转，越来越无力适应企业对她提出的更高要求，尽管她的待遇也在逐渐提高。一个不能创造任何业绩的人，被辞退是在所难免了。

柏拉图说："思考的危机决定了一个人一生的危机。"同样的，你怎样思考，就会得到怎样的结果。无论何时何地，正确的思考永远最重要。上面这个事例中的小微，如果当初能够认真想一想，认识到工作的目的绝不仅仅是为了拿到工资和得到保险，而是在工作中提升自己的能力，把自己当做公司的主人，把公司的发展当作自己的事情，为公司多尽一些力，不斤斤计较那保险的事情，也不会走到最后那种被辞退的凄惨境地了。而当初与她同时加入这个团队的人，有的已经进入公司的管理层，成为公司的创始人之一。两种心境，两种不同的结果。

凡事换一个角度去思考，会得出不一样的心境，有时候偏执地抱着原来的想法不放弃，最终受害的只能是自己。很多成功的人，都不会计较一时一地的得失，而是把眼光放得更长远，他们懂得眼前的利益，不是永远的利益。如果你仅仅在意这份工作目前有多少工资，而不考虑它可以让你受到多大的锻炼，不考虑你的发展前景，那么就很难有更大的发展。

有一句格言说：我们既有比我们自身高贵的思想，也有比我们自身卑贱的思想。思考的方向就决定了你人生的方向，要想成功，就一定要朝着对你有利的方向去思考。如果你一心只想着能够得到保险就满足，那么最终最好的结果也只能是个高级职员；如果你想成为一个能够"治人"的人，那就先用领导者的思维去思考，放弃眼前的蝇头小利，寻求更长远的利益。先做一个支配工作的人，而不是被工作支配的人。

有些人之所以整天忙忙碌碌而收获甚微，还弄得身心疲惫，就是因为缺乏正确思考的能力。一个会工作的人，绝不是那些愿意经常加班的人，因为在限定的时间无法高效地完成工作才去加班。处于这种状态的人，就应该先思考一下，如何更好地规划自己的时间，要先想到怎样让自己轻松而有效率地工作，而不是用加班来提高上司对自己的满意度。

回想起大学时代，真正功课好的人，往往是那些会学又会玩儿的人。他们不但学习好，而且很多活动都不耽误。杨振宁曾说过："中国留学生学习成绩往往比一起学习的美国学生好得多，然而10年以后，科研成果却比人家少得多，原因就在于美国学生思维活跃，动手能力和创造精神强。"真正的成功，应该属于那些会做但更会想的人。

这是一个高速发展的时代，要跟上时代的步伐，必须要学会思考，每天给自己一段时间，沉静下来认真思考，并朝着对自己有利的方向去思考。遇到事情，先要理智地思考，人生中许多事情的成败，就在于正确的思考和取舍之间。有些人因为眼前的一点点利益，而放弃了更长远的目标，这是一种偏离大方向的思考。越是年轻，越要警惕自己的这种倾向。学会像成功人士那样去思考，你最终一定会成功。

◎ 出名要趁早

张爱玲那句名言"出名要趁早"，现在很流行，尤其在演艺界，很多人已经身体力行，甚至不惜一切代价，争取早日成名，早日成功。惜日一代才女的一句感慨之语，没想到在若干年后会带来这么大的效力，想必她本人也不会料到，那句本来对她自己最合适的话，在今天被无数人给曲解了。无论怎样，能从那句话中领略出一二的精华来，就是好事。太早出名未必就好，但是如果有了想法立即去执行，这对一个人来说是很重要的。

在生活中我们经常发现，有些人本来很聪明，思维敏捷，谈吐风趣，但是仅止于此，没有什么大的作为；而有些人虽然显得有些木讷，不爱说话，实际上却是某个领域的成功人士。如果仔细分析原因不难总结出：那些头脑灵活却没有成功的人，他们虽然有很多想法，甚至经常迸发出一些好点子，但是从未见他们行动起来；而那些不爱说话的人，他们总是先做成了一件事情，再告诉别人，他们的行动紧跟着思想，并且走在了语言的前面。这就是有了想法是否立即去行动所导致的不同结果。

有些有潜质的人之所以没成功，就是因为在门外徘徊太久，以致考虑再三，在思考的过程中又发现了太多障碍，不敢尝试了，结果还没有尝试就放弃了。如果只是一味地想而不采取行动，那么有多少好想法，到最后也只能是望着成功的大门兴叹了。

很多人以为做事前需要进行全盘考虑，做出周密的计划，把有可能遇到的困难都考虑好，先想出万全之策再行动，这样比较容易成功。其实不然，这样更容易放弃。有些事情本身并没有那么困难，只是在我们的思考和犹豫中将它的困难无形地放大了。如果有了比较好的想法，立即就去做，在过程中去摸索并寻找答案，会让事情变得容易很多。

万事开头难。你只要勇敢地迈出第一步，接下来你的意志力和上进心会帮助你去完成。比如在大学里，其实很多同学刚入学时都很有雄心壮志，想到大学毕业后再读研究生，但是到最后考上研究生的就只有那么几个。那些没考上的，不是因为他们不够聪明，而是他们觉得时间还早，4年的时间，考什么都来得及，大一时这样想，大二时还是这样想，到了大三仍然这样想，等到大四时真的想考了，却来不及了。你如果想学习得好，而不仅仅是为了应付考试，那么就不要等到临阵再磨枪，这种方法或许有点效果，但是从心理学的角度讲，记得快忘得也快。考试后你会发现，其实你仍然什么都不会。要想学习好，也要趁早。

惰性是一个人的天性，如果不坚定"有了想法立即就去做"的信念，你就可能永远不会再去做这件事。人到老的时候，后悔没做的事情往往比曾经做过的事情要多得多，因为曾经有过太多的想法，都没有付诸行动，被埋藏在记忆深处，老了才知道后悔。人是一种很有潜力的动物，有时候大脑中的灵光乍现，如果你不及时抓住他，可能一瞬间就会消失。就像写作一样，突然灵感来了，就得马上写，如果不马上动笔，不用说过一天，过了几分钟那种灵感消失了，再提笔时就完全找不到感觉了。

人生中的很多机会就是在等待中流走的，如果空有想法而不行动起来，不论你多么博学，你的想法却永远也实现不了。

有两个青年是邻居，他们其中一个很爱读书，可谓知识渊博，另外一个从小就不爱学习，可是崇拜有知识的人。他们俩有共同的追求，那就是都想成为富人。于是爱读书的青年买来很多书，开始学习那些成功人士的经验。不爱学习的就每天来听他讲富人是如何成为富人的，读书的青年也会对他大谈自己的致富计划。就这样，若干年后，那个不读书的人却成了富翁，他按照那位邻居的致富计划去行动了，结果成功了。而那个爱读书的青年，仍然在做着自己的致富梦。

有知识固然重要，但知识本身并非就是力量，你要行动起来它才能化为力量。我们从小就开始接受各种教育，目的就是为了实现人生理想。所以当你有了一定的能量储备时，有了想法和计划就立即去实施，否则理想永远也不会实现。克雷洛夫说："现实是此岸，理想是彼岸，中间隔着湍急的河流，行动则是架在川上的桥梁。"只有通过行动，你才能到达理想的彼岸。

俗话说，早起的鸟儿有虫吃。晚了可能就会挨饿。一旦有了想法就行动，做错了你不会后悔，但是不做，就一定会留下遗憾。人一生的时间是短暂的，有些事情，现在不做，以后再做也许就失去了它的意义。正如张爱玲所说的，"出名要趁早呀，来得太晚的话，快乐也不那么痛快。"要想早日取得成功，就必须提早行动。现代社会不乏年轻人创业成功的事例，其实曾经有创业想法的年轻人很多，可有些人却因为有太多的顾虑迟迟没有行动，空有想法和计划，没有实际行动，世界每天都在发生着变化，你不行动，别人也会行动，当有一天你终于考虑成熟了，却发现你当初的创意已经有人将它付诸实践了，你的想法已经没有任何意义了。

季节在更替，时光不会因为你的犹豫和懒惰而停止，当上一秒钟你还在徘徊时，下一秒钟世界就变了一个样子。如果你时常犹豫，就从现在开始告诫自己：立即行动！只要你行动起来，没有什么困难是克服不了的，就像早上起床一样，当你还躺在被窝里时会觉得很困，起床是件非常困难的事情，可是一旦起来了，你就马上会清醒。所以，有好想法时立即行动，遇到困难时也要立即行动，因为成功的秘诀就是立即行动！

◎ 命运靠自己掌握

宿命的人都会认为，一个人一生能取得多大的成功，拥有多少财富，经历多少磨难等等，都是定数。无论怎样努力，也没有人可以掌握和改变自己的命运。如果真的拥有这种观念，并且对此深信不疑，那就永远也不可能有什么成就了，就连生活也将会是暗淡无光的。

何佳也是一个宿命的人。她相信人终究会死，或早或晚，这一命运全世界没有人能够逃脱；她相信一个人出生在什么样的家庭，或贫困或富贵，是自己不能选择的；她也更相信一个人的长相，或美丽或平庸，自己是毫无办法的……从这些角度来讲，何佳相信命运。但是她更相信，除了这些无法改变的事实之外，生命中还有很多是自己可以把握的。

生命中确实有一些用科学无法解释的东西，可是那些东西并不能影响你选择过什么样的生活。一个人或快乐或忧郁，取决于心态；一个人能否实现自己的理想和目标，关键取决于他是否努力。所以，不要轻易就把自己的前途交给命运来安排，你自己都放弃，命运更不会给你做好的安排。

2009 年的贺岁片《高兴》中，主人公刘高兴原本是一个地道的农民，因为有着强烈的想成为城里人的愿望，与兄弟来到城里拾破烂儿，虽然生活在城市的最底层，每天都在经历着辛酸和苦辣，但他们并不觉得自己卑贱，仍然活得那么有自尊，那么快乐。一个农民都能自己造出飞机开上天，还有什么不能做到的事？如果他们害怕嘲笑，一直呆在山里不敢出来，不管有多少想法，也无法体会到城市生活的色彩了。别人对你的看法并不重要，别人能不能帮助你也不重要，重要的是你想不想自己掌握自己的命运。

你的一生朝着哪个方向发展，完全是由你自己决定的，别人无法改变，更无法替代你。

有一句谚语说，命运总是宠爱勇士的。首先，你要敢于做出这样的决定：自己掌握自己的命运。"平凡的人听从命运，只有强者才是自己的主宰。"纵使生活中有太多的不幸，一旦你坚信你能够掌握命运，你终究会有非凡的成就。

史蒂芬·威廉·霍金，当代最杰出的科学家之一。他提出了宇宙大爆炸的奇点定理，又结合量子力学和广义相对论，创出黑洞辐射的学说，被誉为继爱因斯坦之后其中一位最杰出的理论物理学家。他出版的《时间简史》，更是全球最畅销的科普著作之一。可是霍金却是一位肌肉萎缩症患者，全身瘫痪，甚至丧失说话能力，要靠电脑和语音合成器发声。霍金非凡的科学成就和严重的残障，使他成为了学术界的一位传奇人物。

对于身体上的残疾来说，命运对霍金是不公的；可是对于他所取得的成就来说，命运又是公平的。没有什么人的人生是完美的，只要是生活过的人，总会在某个方面有所欠缺。就像贫穷的人拥有健康，健康的人却贫穷；家庭幸福的人事业不成功，事业成功的人却家庭不幸一样，总是有得也有失。如果霍金因为身体上的残障而放弃科学研究，那么他这一生就是完全的不幸了，可他却拒绝命运的安排，靠自己的努力而使自己成为受人敬仰的人。之所以取得那样的成就，因为他是一个靠自己掌握命运的人。

要掌握自己的命运，就要拒绝整天过庸庸碌碌的生活。你知道，看电视、玩电脑游戏、逛街、无所事事，那些都不是你最终想要的生活。一个生活有目标的人，不应该为那些无聊的活动浪费时间。一个有头脑的人，要玩也要在玩中有所收获。有的大学生整天沉迷于网络游戏，甚至为此付出了惨痛的代价，损害了身体，耽误了学习。同样是沉迷于网络，可有的人却能够从中得到启发，有所收获，毕业后创办了自己的网络公司。要掌握自己的命运，就要自觉抵制那些让自己意志消沉的东西。有时候，过度迷恋某一事物，可以得到不同的结果，关键看你自己怎样选择。

罗曼·罗兰说，"一个人的性格决定他的际遇。如果你喜欢保持你的性格，那么，你就无权拒绝你的际遇。"每个人都有性格中的弱点，可有的人主动去改变，有的人却固执地认为那是优点。就像有些人喜欢结交各方面不如自己的朋友，那样可以满足他的虚荣心，时刻可以有一种高高在上的感觉，觉得自己处处比别人强，那样活着才有乐趣。可是他没有想过，同比自己水平低的人下棋，久而久之，自己的棋艺也会下降。如果换一种想法，能够结交到比自己优秀的人，在他的影响下，你也会变得越来越优秀的。经常望着高处，你就会朝着那个目标努力。你的际遇不是你生活的环境造成的，而是你自己选择的结果。

你选择了做什么样的人，选择了与什么样的人为伍，你就将成为什么样的人。而成功永远属于那些懂得利用时间的人。"生命最长久的人并不是活得时间最多的人。"懂得利用时间的人，不会随随便便浪费任何时间，哪怕是休息，也要尽最大可能让自己得到全身心的放松。现代社会瞬息万变，如果你不珍惜今天，不好好利用今天，明天就会落到别人的后面。从现在开始，拒绝一切用来消磨时间的活动，比如看那些无聊的言情小说，除了浪费时间它不会让你得到任何好处，哪怕是恋爱的经验你也学不到，因为那些都是理想化的，根本不现实。如果你正沉迷于网络游戏，在确定自己不能以网游的某个方面为事业后，坚决放弃它，它是消耗你时间的最大杀手。

要掌握自己的命运，首先就要掌握好自己。你做的任何事情都不应该是无目的的，在做前先想一想它可以让你在哪方面得到提高或锻炼，如果纯粹是无聊之事，碰触它就是对自己的不负责任。你今天纵容了自己，明天社会却不会纵容你，它回赠给你的将是让你无立足之地。

命运每时每刻都掌握在你自己手中。

互动游戏

从一幅画看出你的一生

想象在脑海中有一幅图画，有一个英挺、身穿战甲的战士正骑着马，在一望无际的原野中急速向前奔腾。请问如果要你在这幅画加个东西，你会最想加上什么物品呢？

A 一支锐利的长矛

B 一个保护头部的头盔

C 一套完备的弓箭

D 远方（背景）有一片部落

E 前方有一个太阳

答案：

A 一支锐利的长矛

工作方面：你在工作方面实力颇受青睐，有不少可以向上升迁的机会。把握难得的机会好好向前冲刺、不要松懈，你将会有个截然不同的美好人生。

财运方面：你的财运平平，甚至偶有小额负债的情况。好好做个相关理财规划，千万别因为负债就意志消沉，到处乱花钱反而让钱坑越滚越大。

爱情方面：在事业上冲刺很容易压缩你在爱情上的表现，你也容易因为爱情的问题而烦恼。多和另一半互动联络，否则常会有发生口角的危机。

B 一个保护头部的头盔

工作方面：你对你目前的工作满意，也暂时不想离开这个位置。多充实一些跟你工作切身相关的专业知识及技能，才不会有让人取代的机会。

财运方面：你财运方面其实不错，也小有积蓄。不要一时兴起去买很昂贵的东西，或是过度冒险去做投资，应付生活开销已经足够，不需要太贪心。

爱情方面：你本身很喜欢在外偷吃，也常常会因为不知节制最后导致东窗事发。多多关心了解你的另一半,生活中的空虚无奈其实只有他能填补。

C 一套完备的弓箭

工作方面：你对目前的工作有不少埋怨，也正在骑驴找马，不断物色其它可以转换的管道。多准备相关职能的资料，工作才不致于会一换再换。

财运方面：财运还不错，只是你很容易将手边的钱一口气挥霍殆尽，造成每个月手头都很紧。固定拿一笔钱做定存或投资，唯有持盈你才能保泰。

爱情方面：你的异性缘其实也不错，常有不少很好的机会。只是常因为经济拮据的关系,阻碍你爱情的发展。想要爱情至少也要外表不寒酸才行。

D 远方有一片部落

工作方面：工作方面你的表现一直被忽略不受重视，可是又没有换工作的心理准备，只好继续载浮载沉。多展现自己，你的好也要人家看得到才行。

财运方面：你没什么偏财运，不过也由于你本身没有什么较特别的嗜好,所以你也都能把钱存下来。可以多打扮一下外表让自己看来更有自信些。

爱情方面：你在爱情的发展一直很稳定，不会有大起大落的状况。别去跟人家搞什么求爱的浪漫攻势，日久生情，该是你的就一定跑不掉。

E 前方有一个太阳

工作方面：你有点好高骛远，虽然目标明确，却显得有点遥不可及。很多较基层的事情你可能老大不愿意做，不过那却是你历练学经验的好地方。

财运方面：你的财运相当好，关键时刻总是有办法生出钱来。建议你可以多做些长期或不动产方面的金钱投资，你的财富将如雪球般越滚越大。

　　爱情方面：你对爱情的憧憬也显得不切实际，总是幻想不存在的人却忽略身边关怀你的人。也许众里寻她千百度，蓦然回首，那人却在灯火阑珊处。

第七章
怎样看世界，你就得到怎样的世界

　　20 岁的生命给予了我一份经验、一种尝试和一个新的起点。从此我会变得更加坚强，不会因失意而潸然泪下，也不会因冬天的寒冷而停止前进的步伐。我抹干眼泪，期待着下一次季风的到来。20 岁，我的 20 岁。我只想留下一个属于婴儿的微笑，然后酣甜地沉睡。

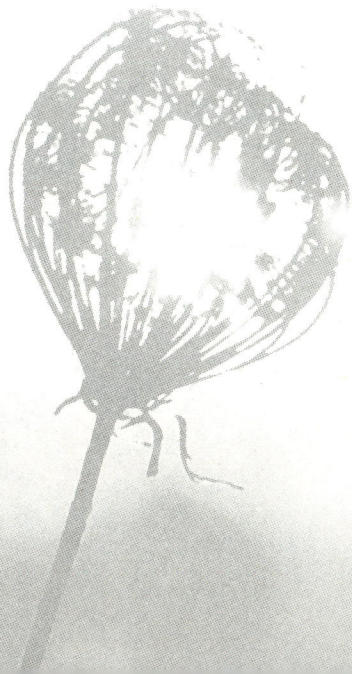

◎ 切断自己的逃避路线

一位创业者这样说：人没有了退路，自然就会往前走。世界上第一位讲授成功学的杰出人物、世界成功学鼻祖拿破仑·希尔，在他全球畅销几千万册的《思考致富》中，曾经提出了这样一个成功学理念："过桥抽板。"当然，他所倡导的"过桥抽板"，绝不是教导我们要忘恩负义，而是告诉我们在做一项不是能够轻易实现的事业时，最好把自己的退路切断，让自己无路可退，这样才能激发我们所有的潜力，调动所有的激情，义无返顾，勇往直前，坚持到底。断掉退路来逼着自己成功，是许多智者的共同选择。

法国作家雨果同出版商签订合同，半年内交出一部作品。于是，雨果把外出的所有衣服锁进柜子里，把钥匙扔进了湖里，彻底断了外出会友和游玩的念头，一心写作，文学巨著《巴黎圣母院》就是这样写成的。古希腊著名演说家戴摩西尼年轻的时候为了提高自己的演说能力，躲在一个地下室练习口才。由于耐不住寂寞，他时不时就想出去溜达溜达，心总也静不下来，练习的效果很差。无奈之下，他横下心，挥动剪刀把自己的头发剪去一半，变成了一个怪模怪样的"阴阳头"。这样一来，因为头发羞于见人，他只得彻底打消了出去玩的念头，一心一意地练口才，演讲水平突飞猛进。正是凭着这种专心执著的精神，戴摩西尼最终成为了世界闻名的大演说家。

让自己置身于命运的悬崖绝壁之上时，正是面临这种后无退路的境地，人才会集中精力奋勇向前，从生活中争得属于自己的位置。给自己一片没有退路的悬崖，从某种意义上说，是给自己一个向生命高地冲锋的机会。

一直向前走，因为人生没有退路。有时，做事就需要让自己没有退路，只有这样才能一往直前，才能成功。有很多人在做一件事之前，就在想做成了会怎样，没做成又怎样，有没有退路。所以，也许，他给没做成的结果吓住了，不敢去做，也许，他想到了有退路，没有尽心去做，所以没成。

或许有时我们应该把我们的退路给断了，或许有时我们应该把我们好的借口的条件给破坏掉，使自己没有借口找。如果当年项羽没有"破釜沉舟"，也许他就打不赢巨鹿之战。

既然人生是一次单程旅行，人生机遇不可多得，这就要求人们注意把握住每个机遇。尤其是在青少年成长时期，更是人生难得的黄金时期，需要人们百倍珍惜。尽管在人生成长的道路上有着种种艰难困苦，但在关键时刻，只要有"背水一战"的勇气，不给自己的人生留有任何退路，往往人的潜能就是这样激发出来的。

每一个结局都是另一个起点。都是孕育着希望的另一个起点。没法倒退回去，唯有一直向前走。不管路上是否鲜花盛开，是否荆棘密布，不管孤影独处，还是人声鼎沸，只要心中有理想，有追求，有爱，就不会颓废，前进的步伐就会坚强有力！

在遇见困难时，许多人都爱说这句话：要是回到 N 年前就好了！可是时间的脚步从来不会停止，人生没有半条退路，我们能做的不是去埋怨，不是去懊悔，不是去痛苦！而是应该去寻找出路！通往罗马的路，原本就不是笔直的，100%是曲折的！凡是希望自己的人生路就这样平稳走过的想法，都是多余的，因为真的不可能一直如此！绚丽只属于那些有魄力的人，勇于接受新鲜事物的人，成功属于有准备迎接改变的人！

记得这样一句广告语：世界最大的不变是改变！因为地球是运动的，人类是活动的，包括我们的思想，我们的灵魂都是在变化的。不变、不动的是逝去的东西，所以人在世间行走，随时要应对变化，接受变化，你一定会碰壁，随时可能遇见无路可走，即使是你最最信赖的那条路，也极有可能在你不曾想到的地方就嘎然而止！不用恐慌，不用害怕，这只是上帝在告诉你：该找出路了！

世上的路有亿万条，不管你走哪条，都是可以到罗马的，都没有对和错之分，所以朋友，不管你遇见怎样的困难，前面怎样的无路可走，请你看看左边，看看右边，看看上边，看看下边，你一定可以找到自己的出路！只要有爱有梦想，出路就在你的脚下！

李慧的"丹慧服装工作设计室"在天津小有名气。一定想不到，已经拥有三个车间、几十台机器的李慧，当初一度无业。1991年，李慧的丈夫因单位不景气，提前下岗，当时李慧是来津投夫的外地人员，没有工作。丈夫有病，孩子还小，全家人吃饭成了难题。

"我当时就想自己还年轻，不能依靠国家救济，要凭努力闯出一条生路来。"后来，李慧在一家商场找到了一个卖服装的工作，每月只有200元的收入，一天站8小时，但李慧很知足，她觉得这是一个绝处逢生的机会。她开始了解服装买卖的生意经，各类服装在她手里卖得快，价格也好。此时，李慧脑子里萌生了自己开办服装裁剪店的想法。

此后的两年里，她学着做起服装。她开始用废报纸学剪裁，剪出了样子用针线缝合好，或用浆糊粘合好，让丈夫和孩子穿上，经反复实践，有点成型了。她再用最便宜的布头，照纸样裁剪好做成服装，让她丈夫和孩子试穿，那阵子丈夫和孩子身上穿的衣服全是她做的。

1995年因商场转行，她也下岗了。李慧又到一家服装店去当缝纫工，晚上骑车往返60余里地，学习服装裁剪。半年后，她拿到了服装裁剪、制作、烫熨、整形等全套的合格证书。由于没有资金，李慧就在家里开起了小型服装加工店。邻居们都夸她活细致、标准、合体、舒适，在周边居民区里，李慧服装店有了小名气。

经过2年积攒，李慧有了2万元积蓄，从朋友那里借来了3万元，李慧终于有机会创建自己的"丹慧服装工作设计室"了。

为了租到便宜点的房子，李慧一下子付了整整三年的房租，再加上购买设备，当时她手里就仅剩下500元了。紧要关头，居委会的王主任出资

3 万元赞助了她，李慧当时激动得哭了起来。就这样，8 万元终于让李慧完成了开店的心愿。

在市场激烈的竞争中，各个服装店争抢生意的现象十分严重。一个偶然机会，李慧在天津某外贸部门争取到了一批来料加工订单。外贸部门跟单员在交待加工活时，将尺寸报告错了，在通过出关检验时，发现了问题，这时距出口上船只有两天时间。

这 400 余套成人服装要不要重新返工修改，让"丹慧服装工作室"的姐妹们犯了难，因为错误责任原本就不属于她们。但李慧毅然决定将全部成装开包返工。望着堆得像小山似的成装，全体工作室的姐妹们，打开包，一件件拆改，两天两夜的连续工作，姐妹们的眼都熬红了，实在完不成了，他们甚至连家属、亲朋都动员来，帮忙拆改。两天后，400 余件成衣改制任务完成了，那家外贸部门也成为她们的固定大客户。

如今的"丹慧服装工作设计室"拥有专业设备 20 余台，占地 300 多平米。现在，李慧准备打造自己的品牌，创建一个真正替老百姓着想的、实惠的服装品牌。

◎ 外面没有别人，只有自己

张虎来自豫东一个偏僻的小村庄，那里的人们，祖祖辈辈都是面朝黄土背朝天的农民。2007 年，张虎带着全村人的梦想，如愿以偿来到了中国药科大学。可面对高昂的学费，面对父母斑白的双鬓和长满老茧的双手，张虎再也不忍心向他们索要一分钱。张虎想要用自己的双手与智慧创造一片属于自己的蓝天。

大一的时候，张虎就开始了兼职生涯，寒风凛冽中为不同的公司发传单，尽一切努力为商场推销产品，在学校积极参加勤工助学，就是在春节万家团圆之时，张虎依然独自一人奔波于异乡的都市之中。当然，其中有很多的辛酸，但更多的是通过兼职使张虎学会了如何面对困难，如何从困境中走出来，如何与形形色色的人和睦相处。

兼职的同时，张虎没有忘记刻苦学习，即使工作繁重，他也总会抽出时间去图书馆。大一结束时，张虎拿到了两次校奖学金，一次国家励志奖学金，这使张虎更加深刻地理解到：命运并不是神秘莫测、不可把握的，我们完全可以通过自立、勤奋战胜命运，成为命运的主人。正如海伦·凯勒所说："对于凌驾于命运之上的人来说，信心是命运的主宰。"

无论物质的富贵或贫穷，地位的显赫或卑微，境遇的顺利或窘困，外表的华美或丑陋，都要带着非常坦然而平静的心态去接触，去对待，二者之间没有着不可逾越的差距，不要以为这样的事实是由命运注定并不可更改。

只要你不乐意不满意自己所处的状况或你现在所拥有的这一切，只要你有想去改变的愿望，只要你愿意为之努力，并无论怎样都能做到坚持不懈矢志不移，那么，一切都将会发生彻底的改变，一切都有可能朝着你预想的方向发展，并获得成功。

这种想法只是一种盲目而狂妄的痴人说梦或者只是凭着一时的头脑发热所产生的冲动，因为你所付出的这种种努力，因为你的全心全意的投入，虽然最后所取得的结果与你最先的预期有着一定的差距，然而，你所获得的另一种无形的成功——如果你不单纯以获得物质的多少或地位金钱这些方面的东西来作为衡量成功的唯一标准的话，那么，现在的你较之先前的你，就已经根本不再是同一个人了。通过这一番脱胎换骨般的磨练，你已经去掉了昔日潜存在骨子里的浮躁与轻浅，以及对于现实功利的那种过于的在意与追求，及对于人间真情的忽视与冷漠，展现在你面前的这个世界，离你的心已经更为贴近，它开始变得更真，更纯，更美，更清晰，更值得去倾心欣赏，并深深热爱。

大千世界，芸芸众生，每个人都有着一条属于自己的路，而这条路则被人们称为"命运"。有人说，命运是注定的，也有人说命运是自己所掌握的，记得有这样一句歌词："三分天注定，七分靠打拼，爱拼才会赢……"

如果说，命运是天注定的，那么世人何不轻松地走完这条路，何必坚持不懈地努力奋斗？

你要相信你自己，你是主角还是配角，你想演什么戏，剧情如何发展，就看你自己的表演了，细细回味，自己的人生，似乎还生活得很肤浅，不知道人世间，还有很多很多奇妙的、怪诞的、引人入胜的、说不清道不明的故事，生活是那么充实、那么美好、那么新鲜、那么浪漫，珍惜今后的分分秒秒，用潇洒的姿态享受美好的人生。

《海伦·凯勒》这本书记叙了美国盲聋女作家、教育家海伦·凯勒的一生。海伦一岁半因病丧失了视觉与听力，这对于一般人来说是不可想象、不可忍受的痛苦。然而海伦并没有向命运屈服。在老师的教育、帮助下，她战胜了病残，学会了讲话，并掌握了5种文字；24岁时，她以优异的成绩毕业于著名的哈佛大学拉德克利好学校。以后，她把毕生精力投入到为世界盲人、聋人谋福利的事业中，曾受到过许多国家政府、人民及高等院校的赞扬和嘉奖。

一个盲聋人能取得这么大的成就，是何等的令人惊讶。如果海伦屈服于不幸的命运，那么她将成为一个可怜而又愚昧的寄生者。然而她没有向命运低头，她以惊人的毅力、顽强的精神走完了人生道路，并为人类作出了贡献，成为一个知识渊博、令人尊敬的人。

海伦的一生，是不平凡的，她给予人们极大的鼓舞，使那些虚度光阴的人万分悔恨，我读了这本书，常常问自己：海伦不屈不挠的一生，给予那些残疾人以生活的勇气和力量，难道对我们这些健康人就没有启示吗？不，不是的。记得海伦曾经提过这样的问题：假如你的眼睛明天将要失明，那么你今天要看看什么？这使我感到：我们这些健康人，不要迟疑，不能虚度年华，应该珍视这美好的时光。珍惜这幸福的生活。

一个人能不能取得成就，不在于条件的好坏，而在于有没有奋斗的精神。平时，有些人总以条件差呀、困难多呀作为没有取得成就的理由，但是和海伦相比，这些困难是多么的微不足道呀！一个人只要有胸怀远大的理想和奋斗目标，就会有无穷无尽的力量，就不会被客观的条件所束缚，就能够发挥自己的主观性，创造条件，自己主宰自己的命运。

◎只有勇气是才能

小时候关于勇气的定义，要么是与猛兽搏斗，要么是英雄在战场上杀敌，要么至少也是那些身残志坚的故事。往往很崇拜那些勇敢的人，也曾经对自己发誓要做一个勇敢的人。后来慢慢长大了，才发现那些故事离我们越来越遥远，按照大脑里固有的勇士形象，已经没办法做一个勇敢的人了。生活没有给我们做勇士的机会。再后来我们经历过了青春岁月，也走过了人生中的艰辛，才明白，原来生活就需要勇气，一个真正敢于面对生活的人，就是勇士。

真正有勇气的人，不是敢于去死的人，而是能够面对生活的人，因为活着比死要难。在生活面前，那些整天安于现状，虽有想法却不敢去改变生活的人，是没有勇气的，他们害怕打破原有的生活常规后的生活会不如以前，害怕失败让他们停止了前进的步伐。一个勇敢的人，不见得一定要做出什么轰轰烈烈的大事，但是做大事的人，就一定是勇敢的。精彩的生活永远也不属于那些懦弱、胆小的人。

紫芸是西北地区一所不知名学校的大专毕业生，毕业后带着自己的梦想来到了北京，没想到理想和现实的落差竟然那么大。在这个人才济济的城市里，连大学本科毕业的学生找工作都不容易，更何况一个只有大专文凭的学生。每天奔波于各大招聘会，看着那些拥有名校毕业证书的大学生、研究生都一个个被拒绝，紫芸心里也开始打起了退堂鼓。可是就这样回去了，她又实在不甘心，她更没有勇气面对家人、朋友质疑的目光。考虑再三后，她决定继续留在北京，因为她不想在还没有踏进职场的大门之前，就先自己拒绝了自己。

就这样在下定决心后，紫芸不再犹豫，在这个让人充满希望又很失望的城市踏上了漫漫求职路。中间的坎坷自不必说，历经千辛万苦后，她终于找到了一份自己并不满意的工作，那也是在她经历了第18次面试后，唯一肯聘用她的公司。工作后，紫芸兢兢业业，用自己的实际行动证明了她并不比那些本科生、研究生差。两年后，全球经济危机爆发，紫芸所在的公司受到了很大的影响，以致不得不用裁员来减少开支，以使公司能继续维持下去。紫芸是公司里学历最低的，第一批裁员她就没能幸免，她只好离开公司。

离开公司后，经济危机依然在持续，紫芸也没有再找工作。因为在这两年时间里，她已经确立了自己的奋斗目标，她要继续读书，她不想在与别人同样能力的情况下却输在起点。而且她的目标是北京大学。于是这个平凡却坚毅的女孩又开始了她的漫漫求学路……

一个人的勇气必定与他的自信、执著、坚强等各种品格连结在一起。有了这些，知道自己想要得到什么，就努力去争取。只有敢于挑战生活的人，才不会被生活所淘汰。即便你与别人并非站在同一起跑线上，也不应失去勇气。今天的你比别人差很多，如果敢于挑战，你有可能超过别人。如果不敢面对，那么明天你将比别人差得更多。就像格言所说的：如果不敢去跑，就不可能赢得竞赛；如果你不敢去战斗，就不可能赢得胜利。

一个勇敢的人，一定是一个敢于超越自己的人。人生中最大的敌人就是自己，战胜了自己，就能战胜这个世界。这些话说起来似乎是一种空洞的口号，只有你真正去做了，才能真正理解。

如果你是一个胆小的人，首先尝试去做那些你以前不敢做的事，不要再说"我怕我不行"。在这个世界上，只有想不到的，没有做不到的。失败并不可耻，可耻的是你认定自己会失败。有些人天性害羞，不敢在众人面前讲话，一旦有这样的场合，他就会面红耳赤、语无伦次。在20岁时也很少有人不是这样的。如果你现在正为此而烦恼，那就鼓起勇气走上讲台为大家演讲，一次不行就两次、三次，当有一天你站在众人面前泰然自若的时候，你会发现当初的勇气是何等的重要！不要害怕被别人笑话，那些笑话你的人现在未必比你强，而且他将来一定不如你。现在笑话你的人只是你的同龄人，如果不能用蔑视的眼光看待他们，将来要嘲笑你的将是整个社会。你越早忽视了别人对你的笑话，你就会越早成功。

如果你是一个懦弱的人，对别人的无理行为敢怒不敢言，那就让自己多些正义感，在正义面前，人人都得屈服。一个敢于同邪恶势力作斗争的人，是勇敢的人。有些人以为，在暴力面前，只有还以暴力，才是真的勇敢。其实不然，所谓君子动口不动手，以理服人才是真英雄。真正的勇敢，属于那些宽厚、仁慈、大度的人，一个拥有仁爱之心的人，在困难面前不会低头，在荣誉面前也会保持冷静。

一个有勇气的人，也是一个敢于说"不"的人。为了维持表面上的和谐，而违心地接受别人的要求，是懦弱的表现。如果你正在学习，有朋友拉你去逛街而你不想去，一定要说"不"，这是对自己负责，如果对方因此而不能理解，那么他就不是真正关心你的人，不结交也罢；如果有人跟你借钱去吃喝玩乐，你也要说"不"，把钱借给这样的人不值得。一个整天附庸别人的人，表面上看人缘很好，其实只是别人的随从而已，永远没有自己的主见，也就不会做成大事；只有敢于拒绝别人的无理要求，按自己内心意愿行事的人，才能真正赢得别人的尊重。

今天是一个和平的年代，真正的勇气也不需要在打打杀杀中体现。一个平时害怕毛毛虫的女孩儿，敢于为受到侮辱的残疾人仗义执言，她是一个勇敢的人；一个家境贫困的大学生，能够为灾区捐出自己的生活费用，他也是一个勇敢的人。勇敢，体现在生活、学习和工作中的第一个细节里，当有一天你发现自己做任何事情都不再畏惧时，勇气就成了你的才能。

◎ 要流进大海就先流进杯子

人生就像水一样，流入哪里就会被塑造成什么样子。大海有它博大的心胸，能够包容一切；杯子有它的澄清透明，它纯洁无瑕。虽然你已经不再是孩子，但你仍然是那可以塑造的水，你想流进大海还是杯子，或是进入臭水沟、烂泥塘，都由你自己选择。

生活万象，在这个世界上总有你能接受和不能接受的东西。但你必须承认的是，一个人的品德就代表了他一生的成败。真正的成功未必就是大富大贵，也不见得有多么高的建树，即便没有富贵荣华相伴，就算不能成就丰功伟业，人间依然存在那么多高尚并且受人尊敬的人。生命短促，只有美德能将它留传到辽远的后世。

说起美德，你可能会不屑一顾，似乎觉得那是不太需要学习的东西。在俗世嘈杂的生活中，没有人真正将品德挂在嘴边或披在身上，那些无形的良好品质，会在不经意间从语言和行动中流露出来，像山间的清泉，滋润着周围的一切。"真正的美德就象河流一样，越深越无声。"

歌德说，无论你出身高贵或者低贱，都无关宏旨。但你必须有做人之道。真正的"做人之道"，并非人们所想象的那样需要有多少智慧、多少才能和多少手段。当你懂得了为人处世那些美好品质，能在实际生活中履行时，你就学会了做人之道。

1. **微笑面对**。微笑是与人交往时最好的招牌，它比任何华丽的衣着和妆容都重要。在朋友面前，你的微笑就如一缕春风，能够打开你们之间沟通的桥梁，没有人愿意与整天愁眉苦脸的人打交道；在陌生人面前，你也要微笑，因为你也不知道你的将来会与哪些人有交集，今天的微笑，可能换来明天的收获；在对手面前，你更需要微笑，这是你自信和宽容的表现，有一天，你的对手也可能成为你的朋友；在困难面前，你必须要微笑，克服困难是你不容推卸的责任，微笑着面对，风雨过后总会有彩虹。即便是在打电话时，你也要微笑，因为对方能够感受得到。

2. 勿发脾气。无论其他方面多么出色，一个动辄乱发脾气的人总会让人感觉很没休养。有些事情本没有那么严重，也许就因为你的愤怒才让它变得严重了。遇事沉着、冷静、淡定、从容才会让人觉得可靠。动不动就发脾气，只能让人对你敬而远之。朋友是你一生最大的财富，你伤害了他们一次，就会在他们心中留下一道伤口，这伤口很难抚平。如果不想让所有人都疏远你，那就赶快戒掉乱发脾气的毛病吧。

3. 信守承诺。言而有信才是真君子，诚信是一个人能否成功的关键。不要因为你还年轻就拒绝诚信，有诚信的人不论大事小事都是说话算数的。在答应别人之前考虑好你能否做到，如果做不到就不要答应，答应了就一定要兑现。不要对很多人说"我爱你"，人的一生中碰到真爱的机会不多，真心的或许只有一次，轻易就说"我爱你"的人，是对自己和他人爱的不尊重，说了就要负责任。

4. 学会原谅。有时候，原谅敌人比原谅朋友更容易。因为真正伤了你的心的人，一定是你非常重视的人。人活在这个世上都是孤单的，真正了解你的人只能是你自己，无论家人、朋友，都不必太过苛求，他们帮助你是你的福气，不帮你也不必太计较。真正可以依靠的人只能是你自己。过去的一切都已成为历史，你原谅了别人，也就是为自己放下了一个心里负担。对人对己都有好处。

5. 尊重别人。只有懂得尊重别人的人，才能得到别人的尊重。一个眼里没有别人的人，最终也会被人们所遗忘。上课时不要睡觉，老师讲得再不好，他也比你强，因为他是老师，你还是学生；去食堂打饭也不要对食堂的管理员大吵大叫，他们的工作也同样要付出艰辛，没有他们，你在食堂里就吃不到饭。先学会了尊重别人，以后才能让人看得起你。

6. 帮助朋友。年轻时代或者大学里的朋友，会是你成功道路上的最大助力。俗话说，多个朋友多条路。尽你最大努力去帮助朋友，将来也会得到同样的回报。当然，付出时不要想着回报，你愿意付出是因为你讲义气。但你的朋友也会和你一样讲义气。

7. 心胸开阔。人间百态，总会有你看不惯的事情。有些事你可以不理解，但一定要接受，因为它们不会按照你的意愿去改变。就像大学里有恋爱同居的现象，那是人家的事，跟你没关系，不要说环境不好，你要向阳光的地方看，天空才是晴朗的。整天像个愤青一样，只能让自己变得越来越狭隘。一个豁达的人，可以放下一切心里负担，轻装上阵。凡事不必斤斤计较，吃亏不一定是福，但一个总爱占便宜的人，不会有什么福气。有容乃大。

8. 仁爱之心。没有什么东西比一个人的仁慈更重要了。拥有一颗爱心。爱家人、爱朋友，爱你周围的一切，你的生命才有意义。要相信，好人会有好报。向有需要的人奉献自己的爱心，自己也会快乐。

9. 学会节俭。这不是老调重弹，也许你觉得自己家境殷实，没有必要节俭，那就大错特错。你已经是个成年人，但可能还在花着父母的钱，无论父母多么有钱，都不是让你用来浪费的。学生时代多么吝啬都不为过，不要动不动就三五成群出去大吃大喝，也不要没事就出去逛街买衣服。吃得多好穿得多好，最终你也得不到什么。有可能的话提前为自己攒点积蓄，工作之后你就会知道钱的重要了。

10. 孝顺父母。如果以上说的都能做到，唯独这一条做不到，那么你也不是一个拥有美德的人，甚至不配做人。生命是父母给予的，无论他们是否伟大，都要永远感激。也许你现在还做不到什么，但经常给他们打打电话，也是最好的回报。

这些品质看似简单，实际履行起来也不容易。不要不以为意，也许青春就在你的不以为意中消失了。要想成功，必须先从个人的修行做起。有德无才的人会成为受欢迎的人，有才又有德的人会成功，有才无德的人什么也不会得到。纵使你有着鸿鹄之志，也要先从这些修为做起。一个有着美好品性的人，就像一杯洁静的清水，洁白，无暇，可以荡涤人的灵魂而不伤人。只有当一杯水变得纯静、透明了，大海才会以博大的心胸来接纳它。

◎ 快乐必须自己去寻找

这个年代，快乐是被人经常挂在嘴边的一个词。所有的人，一生所追求的目标都是快乐和幸福。虽然有的人取得了很大的成绩，得到了很多物质方面的财富，但他并不快乐。有的人尽管生活平淡，没有很多功名，但他依然很快乐。快乐是一种心境，它跟年龄、财富、环境等客观条件没有关系。

每个人都想得到快乐，甚至倾其一生都在寻找快乐。可有人无论怎样努力，不快都会与他如影随形；有人不费吹灰之力，就能每天笑口常开。那些不快乐的人，不是没有得到，是他们看不到应该让自己快乐的东西；那些总是快乐的人，即使一件平常的事，他也能从中寻找到快乐。

有一个富翁，他拥有很多财富，可是他一直没有孩子，整天担心死后他的财富无人继承，因此他整天愁眉苦脸，觉得生活很不快乐。他想过无数办法去寻找快乐，但是无论怎样他都快乐不起来。有一天，他在街边看到一个年轻人，骑着自行车，喝着歌曲，虽然在炎热的夏日里他满头大汗，可是看上去却很高兴的样子。趁着年轻人在路边买水的时机，富翁实在忍不住就走上前去问他："小伙子，你看上去很高兴的样子，有什么高兴的事儿吗？"年轻人告诉他，他正准备去给一些孩子上课，那些孩子都是家庭比较贫困的，需要他的帮助。富翁又问他："他们很贫穷，没有钱给你，你也高兴吗？"年轻人看着他说："钱是买不来快乐的。只要你觉得自己做的事有意义，你也会快乐。"后来，在那个年轻人的影响下，富翁将大部分财产用来创办了一所希望小学，专门招收那些穷人家的孩子，看着孩子们一天天成长起来。从此，他脸上的笑容也渐渐多了起来，他也终于体会到了什么是快乐。

有的人的快乐是与生俱来的，就像那些乐天派，从不知忧愁是什么。但是快乐并非只能天生有才有，也可以通过后天来培养。一个人无论拥有多少，如果他所拥有的不能带给他快乐，他就永远得不到快乐；相反，放下这些拥有的东西，或许就能让他体会到快乐。有时候，财富也会是一种负担。

每个人都有快乐的潜质，不快乐时，要主动去寻找，别让那些不快蒙蔽了自己原本该快乐的心。能够让你快乐起来的途径有很多。

奉献。当你认为自己的生活毫无意义时，那就主动去做些有意义的事。比如去社区照顾一位孤寡老人，奉献会让你感到自己存在的价值，一个不懂得帮助别人的人，生活是没有意义的。奉献的快乐，就在于它可以让人体会到生命的真正意义，人活着，只为自己是不会快乐的。

知足。俗话说，知足常乐。一个懂得知足的人，只要有一些小小的收获，就会感到很快乐。这样说不是教你不思进取，而是要你知道，你的每一点收获，都是用自己的汗水换来的，有收获就该有快乐。有的人因为家境贫困而苦恼，有的人因为外表不够出众而烦恼，而真正不快乐的根源在你的内心。为无法改变的事实烦恼，岂不是自寻烦恼？与其这样，不如看淡这些身外之物，去追求那些能够得到的东西。这种奋斗的过程也是快乐的。

感恩。感谢生活所给予你的一切，包括你的家人、朋友，你都要感谢。只要知道感激，你的心中就不会有太多怨怼。生活原本就是多姿多彩的，感谢你所拥有的一切，你的心情也会阳光起来。曾经分手的恋人，要记住他（她）的好。感谢对方曾给予你的一切；曾经背叛过你的朋友，你也要感谢他，是他让你知道人世的复杂。只有知道感激的人，才会真正快乐起来。

有目标。很多人之所以不快乐，是因为生活没有目标。一个整天无所事事的人，是不会快乐的。而那些忙忙碌碌的人，他们已经没有时间去考虑自己是否快乐。只要活着，就要有目标，人只有知道自己要为什么而努力时，才会快乐。纯粹的享受，永远不会为你带来真正的快乐。

充实。心灵的空虚只能让人颓废。无论何时，知识永远是最大的财富，只有精神上的富足，才能让人品尝到快乐。让自己逐渐充实起来，也就为自己积攒下了快乐的种子。

有时候，一个人能否快乐，完全是由心态决定的。乐观的人容易快乐，悲观的人不容易快乐。同一片秋天的落叶，可以让乐观的人露出会心的微笑，也能让悲观的人流出眼泪。快乐要过一天，忧伤也要过一天，那你何不选择快乐地过一天？

当你学习或工作累了，不必强迫自己坚持下去。换个环境就换一种心情，你可以到大自然中去呼吸新鲜空气，花朵的芬芳与蝴蝶的翩翩起舞，都是让人快乐的源泉，没有什么比融入大自然更能让人放松的了；如果你与朋友发生了争执，主动道歉没什么大不了的，因为你们的和解会为你带来无限的快乐；当你感到无聊时，可以到图书馆去阅读一本书，内容随便自己去选择，既能放松心情，又能让自己充实起来，读一本有意思的小说，会让人感觉快乐无比。当你感到心情压抑时，不必自己一个人默默承受，可以向朋友倾诉，不用感觉不好意思，因为你们的付出是相互的。能够说出来的烦恼，就不会是太大的烦恼，所谓一吐为快。当一个的内心没有淤积的烦恼时，也就可以真正快乐起来了。

快乐不是上帝为你派来的使者，它需要你自己去寻找。只要你有一颗灵活的大脑，只要你还有生活下去的能力，你就拥有快乐的资本。每天看看天上的太阳，下雨时体会一下淋雨的浪漫，而不是懊恼没有带伞。经常告诉自己，生活是多么美好！你会发现，快乐原来如此简单。

◎ 人不是生来要被打败的

美国作家海明威的《老人与海》一书描写了一位有着坚强不屈精神的老人。文中的老人与鲨鱼搏斗的惊心动魄场面令人极为震撼。老人为保护捕获的马林鱼，一次次击退了鲨鱼的侵犯。可是尽管他打败了鲨鱼，他的马林鱼却仅剩一副空骨架。这时候老人说了一句话："一个人并不是生来要被打败的，人尽可以被毁灭，但却不能被打败。"

当老人带着那副空骨架回到小镇，大家都为他欢呼，视他为英雄。因为真正的胜利，不在于最后得到什么，而是不肯屈服、不畏艰险、坚持到底的精神以及奋勇拼搏的过程。

人不是生来要被打败的，这是一种努力争取的生命本能和尊严的体现。一个人的生命可以被摧毁，但他的精神永远不应该被毁灭。一个真正的英雄，无论对手多么强大，无论结果怎样，决不会在搏击之前就认输。努力了，即使战斗的结果是惨败的，但是敢于拼搏的精神也能证明他在精神领域是胜利的。

没有人天生就具备抗击风浪的能力，但人应该具备在困难面前不屈不挠的精神。在面对鲨鱼时老人并没有多少能够战胜鲨鱼的力量，但他就是凭着一股顽强的精神，最终打败了鲨鱼。在我们的一生中，可能都不会遇到那么惊险的场面。可是在那些小小的困难面前，有很多人却连战胜它的勇气都没有。有时候，人们不是被困难所打败，而是在困难面前，自己先打败了自己。一个认定自己会输的人，最终的结果只能是失败。而一个相信自己能赢的人，首先就已经胜利了一半。

就是凭着那种顽强的不服输的精神，有的人创造了生命中的奇迹。

　　疯狂英语的创始人李阳如今已成为名人，可是还有许多人不知道李阳也有着令他"不堪回首"的过去。上大学时，他的英语成绩曾经一塌糊涂。

　　大一时，李阳的英语成绩曾经不及格。大学期间必须通过全国英国四级考试，否则就有拿不到学位证书的危险。于是李阳不得不打起精神，每天早上都去学习英语。坐在教室里，他老打瞌睡，为了集中精力，他干脆跑到学校烈士亭里放开嗓门大声背诵起来。在大声喊叫中，他变得注意力集中了。他就这样"吼"了几个星期，居然还"吼"出了信心。胆子大了，他就去了学校的英语角，说出来的英语还居然像模像样。从此以后，李阳每天就像疯子一样在烈士亭等地方大喊大叫，不管天气如何。也不管别人怎么看，他就是我行我素。4个月的时间里，他以顽强的毅力高声复述完了10本英语原版书。最后李阳顺利通过了四级考试，并一举夺得了全校的第二名。最令他恐惧的英语给他带来了成功的喜悦，他的故事就这样走出学校，走向全国。"疯狂英语"也为广大国人所熟知。

　　事实证明，无论天生的资质如何，无论过去的成绩怎样，只要敢于拼搏，只要付诸行动，并找到适合自己的行之有效的方法，就能够创造辉煌。人的一生中，失败在所难免，有的人甚至一生都在经历失败，但是他们能够屡败屡战，永远不会被打倒；而有的人，只经历了几次失败，就开始怀疑自己的能力，甚至开始抱怨社会的不公。在挫折面前，如果你丧失了战胜困难的勇气，不再继续拼搏，甘愿接受失败，机遇就永远不会再垂青于你。因为机会总是愿意留给那些能够坚持的人，只有那些永远不被打倒的人，最终才能找到胜利的出口。

　　决定一个人的成功与失败有很多原因，但内因是关键。如果没有追求成功的决心，就不会有顽强拼搏的精神和坚强的意志。没有人天生就注定是失败的，也许你从出生起就开始面临挫折和困难，但是挫折并不是阻碍你成功的因素，一个意志坚强的人，能够把挫折当成是对自己的磨练，每经历一次失败，就能够更加坚定意志。要想树立拼搏的精神，必须要先从自身做起。

坚定信念。追求成功的信念是拼搏的动力和源泉。要相信自己的能力，人在任何时候，如果丧失了自信，就等于丧失了一切。有的人之所以不成功，就是因为他内心并不是真正强烈地渴望成功，没有对成功的热情，自然不会产生拼搏的动力。就像李阳一样，如果他不那么渴望通过英语四级，也就不会产生强大的学习动力。

不放弃。失败和成功的距离其实并不遥远，有些人也曾经努力过，奋斗过，但就在离成功只有一步之遥的时候放弃了。当你要想取得某个成果的时候，执著于它终究会有所收获，永不言败才是真英雄。

看轻结果。古语有"胜者王侯败者寇"的说法，很多人把它当作了人生的信条，坚信任何事情只有取得结果才算是成功，在看不到胜利希望的时候，宁愿不去做。正因为这种太过注重结果的想法，使很多人失去了锻炼和学习的机会，他们忽略了结果是由一个个拼搏的过程相加得来的。姚明说过，不管做什么事，过程很重要；为达到目标，走完全过程是至关重要的。即使没有马上实现目标，在过程中总能学到些东西。忽略了过程，实际上就等于放弃了拼搏。

不要得意忘形。人生最终的目标是由无数个小目标组成的，要得到最好的，总是要先实现无数个目标。在取得了一点小小的成绩时，不应该沾沾自喜，固步自封，而忘记最终要实现的理想。如果只满足于目前的成绩，就不会产生继续拼搏的动力，就不会看到更多的人生精彩。就像有的同学，通过英语四级后，能够保证拿到学位，就感觉是万事大吉了。没有想过再考六级，那么他的英语水平也就仅止于四级了。

如果说一个人的出身没有高低贵贱之分，那么是否具有自己的人生理想，能否为实现理想而努力拼搏，则可以将人分出等级来。任何人都不能被外界的因素所打败，真正能够打败自己的只能是自己。人既然选择了出生，就应该选择奋斗。生命本身就是一个创造奇迹的过程，为了延续这个奇迹，我们所能做的就是尽一切努力去创造幸福的生活，为了这个理想，运用我们的天赋和才智去迎接生活中的每一次挑战，当你全力以赴去实现理想的时候，你会发现拼搏本身也是一种享受幸福的过程。

◎ 只有做不做，没有能不能

生活中经常有人爱说一句话：世事难料。意思就是很多事情的发生是不以人的主观意志为转移的。在这个世界上，什么事都有可能发生。从某个角度讲，这话有一定道理，因为无论天灾还是人祸，都是人类始料不及的，比如地震，我们现在就无法准确预测。可是换个角度，世事却是可以预料的，因为你曾经想要成为什么样的人，后来是否实现了那样的理想，你的命运完全掌握在你自己的手中，别人是无法改变的。

有些人以为，理想是一种虚无缥缈的东西，那些远大的理想根本就与自己无关。或者有些人虽然在小时候树立了远大的理想，但是随着年龄的增长，不知从何时起，曾经的理想就化为乌有了。甚至有的人成年后，不但不为自己理想的泯灭而惭愧，每当回首往事，还要对自己曾经的理想自嘲一番，认为那不过是童年时代一些幼稚的想法而已，就凭自己这么一个平凡的人怎么能够实现曾经那样伟大的梦想。

凡夫俗子总是要为自己的平凡找一些借口，认为没有什么成就是天生的资质不行，或者归咎于命运的安排。事实上，失败与不去做完全是两码事。不做就没有成功的可能，做了可能会失败，但世界上没有完全一败涂地的事情，即使失败也能从中得到转机和有所收获。人类天生都有超越自己的潜能，就看你有没有想法去挖掘它。

被誉为"馒头神"、"清华神厨"的张立勇，出生在江西赣南的一个小山村。因为家庭贫困，张立勇读到高二就辍学到广州打工，尽管每天工作 10 多个小时，但他还是会抽出时间来学习英语。1996 年张立勇经亲戚介绍进入清华食堂成了一名切菜工，8 年里他卖过饭，炒过菜。清华园也成为他实现梦想的乐土。张立勇每天早晨四点钟起床，每天坚持自学七八个小时，有的时候学到凌晨一两点钟。作为一名普通的农民工，张立勇自学英语10年，获得国家英语四六级证书，在托福考试中获得630分的高分。2004年10月，张立勇获得了共青团中央颁发的中国青年学习成才奖。

如今张立勇已拿到了北京大学对外经济与国际贸易专业的本科文凭，辞去了厨师工作，担任清华大学饮食中心的英语培训老师，有了自己的工作室，在全国各地为许多学校讲课。

张立勇的故事可以说是撼动人心的。通过他的故事，让我想到一句话：一切皆有可能。无论出身怎样，无论曾经从事什么样的工作，只要有想法，愿意去争取，终有一天会有所收获。俗话说，不怕做不到，就怕想不到。一个有梦想的人，无论在怎样恶劣的环境中，都不会迷失自己的人生方向。张立勇就是那样，带着自己的人生理想，从艰辛中一路走来。努力了，奋斗了，也收获了。这份沉甸甸的收获，离不开他曾经那个执著的大学梦。

很多20几岁的年轻人经常有一种困惑，就是不知道该怎样去实现自己的人生理想，有时甚至觉得自己的理想过于荒唐，没有实现的可能性。用时下比较流行的一个词来描述，就是"迷茫"。这种迷茫更多的是来自于对自身的怀疑，以及对社会的困惑。其实很多人都曾经迷茫过，包括那些成功人士。但是你必须有一天要顿悟，就是明白自己想要得到什么，如何去实现。明白得早一些，你就能早一些享受收获的快乐。

这个世界上有各种各样的成功事例，总有一种是你所欣赏的。虽然你不需要去模仿别人，但他们总能给你带来一些启示，包括你想成为什么样的人，要过什么样的生活，你总能从中找出一些可以认同的东西。有时候，一种理想的泯灭，是为了诞生一种更伟大的理想，一种趋于现实的目标。

成功是没有捷径可走的，在成功的道路上也有许多不确定因素，它们会干扰或阻碍你前行。所以要明白，没有任何方法或途径是可以直抵目标的。人生的理想总是由若干个小目标积累而成，当你一个个实现了它们的时候，你人生的辉煌也会逐渐展现出来。所以说，理性地制订目标尤其重要。如果你确定自己已经不是小孩子了，那么那些不切实际的想法也应该放弃了。目标可以高一些，这样具有挑战性，但不是异想天开，毕竟人不能总活在虚幻当中，一步一个脚印地走下去，才是最明智的选择。

人的潜力是无限大的，在还没有迈出第一步的时候，千万不要轻言放弃。只有相信自己能够创造奇迹的人，才能真的创造奇迹。没有能不能，只有做不做。出名的人总共就那么几个，你所真正创造的奇迹，是超越了自己，跨越了一个个人生的障碍，这是你自身的奇迹，与社会与他人无关。当你获得了你当初认为不可能的结果时，你就创造了奇迹。

人在追求成功的道路上，忘我的精神很重要，但是忘记别人的心态更重要。优秀的人毕竟是少数，如果你想最终与众不同，现在就不应过份注重别人对你的评价。或许你的所作所为现在还不能得到别人的认同，但你必须自己认可自己。张立勇在学英语的时候，曾有人说他不务正业，可就是因为这种"不务正业"，才让他取得了今天的成绩。因此，忽略别人的评价，可以让自己更加坚定信念。

要想摆脱世俗的干扰，保持一种"清高"的心态很重要。当周围的人都在贪图享受的时候，你的拼搏必然会招来异样的眼光。如果有人拉你去逛街、看电影，如果有人经常叫你出去喝酒吃饭，你不去，那就是"不合群"，显然，这样的人可能一时会受到大家的冷嘲热讽。但是不必担心，因为在这个世界上，积极进取的人不只你一个，将来，总会有一些与你志同道合的人出现。也许正因为你的努力，那些不思进取的朋友，会因你而改变。能够带动周围的人共同上进，岂不更是一件乐事？

达成目标的过程中需要付出很多艰辛，但是困难和挫折会在你的坚持下退缩。要相信一分耕耘一分收获，你能坚持多久就能收获多少。你在哪一步放弃了，你的收获就在那一刻停止。很多时候，成功就是在一次次的坚持后到来的。

　　世上无难事，只怕有心人。人虽然不是神，但是那些神话故事都是人创造出来的。如果你有梦想，愿意为梦想积极行动起来，再加上时间，加上你的优秀潜质，一切皆有可能实现。

图书在版编目（ＣＩＰ）数据

20·还没长大：与 20 岁有关的青春纪念/鞠向玲编著．—北京：人民日报出版社，2009.5

ISBN 978－7－80208－821－4

Ⅰ．2… Ⅱ．鞠… Ⅲ．成功心理学－通俗读物 Ⅳ．B848.4－49

中国版本图书馆 CIP 数据核字（2009）第 055083 号

书　　名：20·还没长大——与 20 岁有关的青春纪念

出 版 人：董　伟

编　　著：鞠向玲

责任编辑：曹　腾　程文静

出版发行：**人民日报** 出版社

社　　址：北京金台西路 2 号

邮政编码：100733

发行热线：（010）65369527　65369512

邮购热线：（010）65369530

编辑热线：（010）65369523

网　　址：www.peopledailypress.com

经　　销：新华书店

印　　刷：北京朝阳印刷有限公司

开　　本：710mm×1000mm　1/16

字　　数：220 千字

印　　张：13.25

版　　次：2009 年 6 月第 1 版　2009 年 6 月第 1 次印刷

书　　号：ISBN 978－7－80208－821－4

定　　价：29.80 元